Die ungleiche Verteilung von Nichts

Wolfgang Glahn

Die ungleiche Verteilung

von Nichts

*Eine provokative Hypothese
zur Existenz unserer Welt*

Bibliografische Information der Deutschen Nationalbibliothek
Die Deutsche Nationalbibliothek verzeichnet diese Publikation
in der Deutschen Nationalbibliografie; detaillierte bibliografische
Daten sind im Internet über http://dnb.dnb.de abrufbar.

© 2015 Wolfgang Glahn
Umschlagdesign, Satz, Herstellung und Verlag:
BoD – Books on Demand
ISBN 978-3-7322-7105-4

Inhalt

Vorwort der Herausgeber

Wolfgang Glahn setzte sich sein Leben lang stets hohe Ziele. Seiner Überzeugung nach sollte jeder Mensch seine natürlichen Begabungen optimal ausbilden, um sie angemessen für das Wohl der Allgemeinheit einsetzen zu können. Mit diesem Credo begann er seine unternehmerische Tätigkeit im Feld des Gesundheitswesens und mit der Gründung von »Suchtkliniken« beschritt er zu seiner Zeit ein vollkommenes Neuland. Für diesen bedeutenden Beitrag im Gesundheitswesen wurde er mit dem Bundesverdienstkreuz ausgezeichnet.

Seine Mitarbeiter, Freunde und Verwandten, die ihn gut kannten, respektierten ihn als einen universell gebildeten Menschen mit einem umfassenden Wissen und der Fähigkeit, komplexe Gedankengänge zusammenführen zu können. Daher verwundert es nicht, dass er sich schon in jungen Jahren der Wissenschaft der Kosmologie widmete.

Die Gelegenheit, sich ernsthafter mit dieser Wissenschaft zu beschäftigen, ergab sich, als er aus seiner erfolgreichen unternehmerischen Tätigkeit ausgeschieden war. So verfasste er in den letzten fünf Jahren seines Lebens seine Meinungen über die »Ungleiche Verteilung von Nichts«. Mit Leib und Seele ging er an seine Forschungen zu diesen Themen, ohne ein wissenschaftlich ausgebildeter Kosmologe zu sein. Im Sommer 2013 schloss er seine Studie ab und leitete die Veröffentlichung ein. Er verstarb unerwartet am 18.12.2013 und es war ihm nicht mehr vergönnt, die Herausgabe seines Werkes zu erleben.

Zum Gedenken an Wolfgang Glahn geben wir, seine engsten Angehörigen, das vorliegende Buch heraus und erfüllen ihm posthum auch damit

seinen Herzenswunsch. Unserer festen Überzeugung nach verdient es
dieses Buch, nach dem Ableben seines Verfassers veröffentlicht zu werden.

Gewidmet dem Gedenken an Wolfgang Glahn

Seine Lebensgefährtin
Seine Kinder

Editorischer Hinweis

Das Korrektorat des Manuskripts dieser Studie ist bis zur zweiten Lesung durch den Autor selbst erfolgt. Wegen des unerwarteten Todes des Schrifstellers ist dies nicht die entgültige Fassung. Insbesondere im Kapitel Aphorismen fehlen die Seitenverweise zum Hauptteil des Textes.

Die Form der Schlussfassung des Manuskripts wurde dennoch so beibehalten, wie sie vor dem Tod des Autors vorlag. Die Herausgeber haben es als zweckmäßig erachtet, weder die Klammern wegzulassen noch sie vom Korrektor oder irgend einer anderen Person ausfüllen zu lassen.

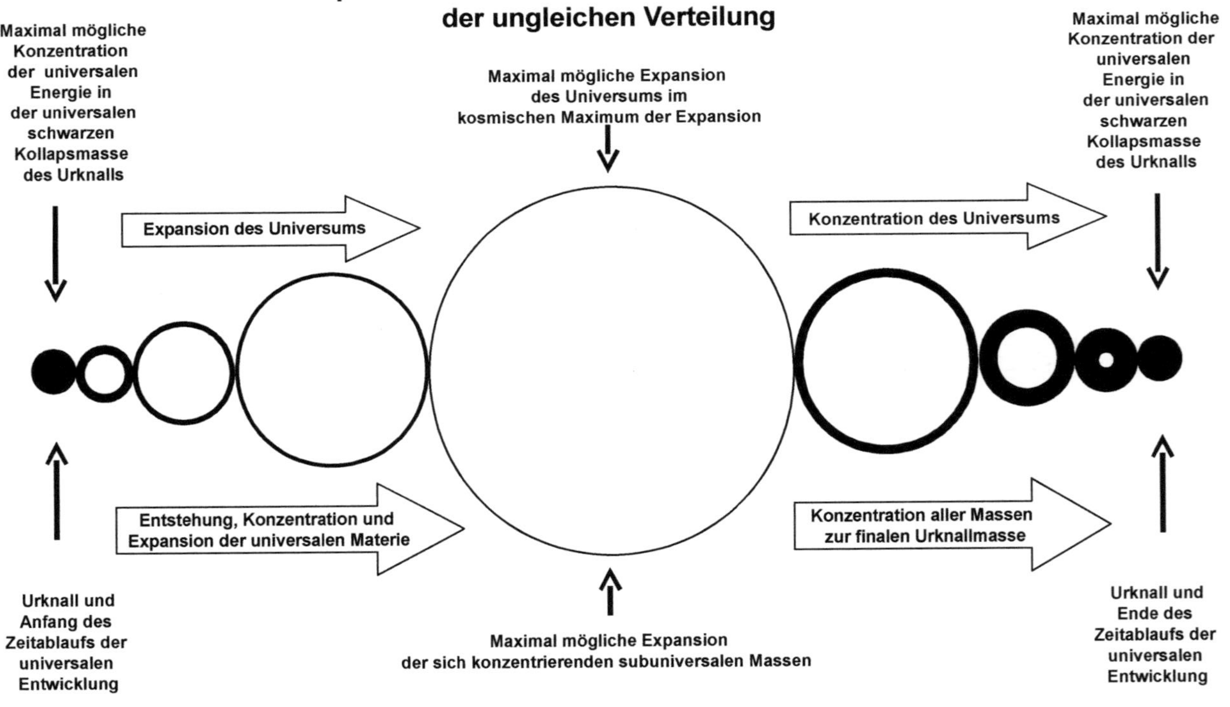

Skizze zur endlich universalen Entwicklung zwischen Urknall und Urknall

in der zyklischen Wiederholung des Universums der ungleichen Verteilung

Einführung

Die in diesem Buch vorgestellte Arbeit kündigt sich in ihrem Untertitel als provokative Hypothese an. Sie ist eine Hypothese, weil ihre Feststellungen bisher nicht bewiesen oder verifiziert sind. Die Hypothese ist provokativ, weil sie, wenn sie beweis- oder verifizierbar wäre, manches, was bisher als unzweifelhaft richtig angesehen wird, nachhaltig in Frage stellen würde.

Eine Provokation war und ist die Arbeit aber auch für den Autor, eine lebenslange Provokation, Antworten auf offene Fragen in der wohl schwierigsten Thematik der Naturwissenschaften zu suchen: Woher kommt die Gravitation und woher die starke Kernkraft und die schwache und die elektromagnetische Kraft? Woher kommt der Spin der Elementarteilchen? Wodurch wird Energie zur Masse? Kann es Singularitäten geben? Woher kommt die Energie und gibt es dunkle Energie? Wodurch können sich die Energie und die Materie eines ganzen Universums vor dem Urknall in der Singularität eines dimensionslosen Punkts konzentrieren? Wodurch wird der Urknall ausgelöst? Welches Ende hat das Universum und was ist nach dem Ende? ...

Alle offenen Fragen münden am Ende in einer einzigen: Gibt es einen Weg, die Antwort auf die Vielzahl der Einzelfragen gemeinsam durch Deduktion aus einer einzigen Grundformel abzuleiten? Für den Autor war diese Frage die intellektuelle Herausforderung, sich auch als Nicht-naturwissenschaftler langjährig mit dieser Fragestellung zu befassen und den Versuch zu unternehmen, die Antwort auf offene Fragen auf dem Weg der Deduktion zu finden. Der Versuch ist auf den Seiten des vorliegenden Buchs beschrieben.

Die Feststellungen des Weltbilds der ungleichen Verteilung sollen dazu herausfordern, sie im Ganzen oder im Einzelnen zu verifizieren oder zu falsifizieren. Die Konsequenzen, die sich aus vielen Feststellungen dieses Weltbilds ergeben, wären, wenn diese verifizierbar wären, so gewichtig für die aktuelle Physik und Kosmologie, dass die ernsthafte Auseinandersetzung mit der Hypothese des Weltbilds auch bei großer Skepsis notwendig erscheint.

Aus der trivialen Erkenntnis, dass alles ungleich verteilt ist, ergibt sich deduktiv die Hypothese der Existenz eines ganz anders strukturierten Universums. Das beschriebene Weltbild stellt sich in Vielem als Gegensatz zur allgemein anerkannten Physik und Kosmologie der Standardmodelle dar. Trotzdem ist die Intention dieser Ausarbeitung nicht der versuchte Nachweis, dass Erkenntnisse der etablierten Naturwissenschaft falsch sind. Solchen Nachweis will und kann der Autor nicht erbringen. Das Buch will vielmehr, aufbauend auf der höchst einfachen Grundformel der ungleichen Verteilung von Nichts, ein hypothetisches Bild eines Universums beschreiben, wie es auf einer ganz anderen Denkbasis auch sein könnte. Die Grundformel, die zunächst höchst unsinnig klingt, führt bei konsequent logischer Gedankenführung zu erstaunlichen Erkenntnissen des vorgestellten Weltbilds. Die wichtigsten seien, in die Hypothese einführend, vorweggenommen:

- Masse entsteht durch Rotation.
- Auch das Universum rotiert und ist damit die größte universale Masse.
- Das sich zyklisch wiederholende Universum entwickelt sich von Urknall zu Urknall.
- Die Gravitation ist die Gegenkraft zur Exkraft der Expansion und Rotation.
- Neben der universalen Gravitation gibt es eine masseeigene, masseintern und massenah wirkende Rotationsgravitation.
- Die starke Kernkraft ist die massenah extrem starke Rotationsgravitation der extrem schnell rotierenden Kernbausteine.
- Die Gesamtheit der universalen Energie ist endlich.

12

- Es gibt keine Notwendigkeit der Existenz dunkler Energie.
- Weder vor dem Urknall noch im schwarzen Loch gibt es Singularitäten.
- Der Urbaustein der Materie ist ein Energiequant ultraenergetischer Urknallstrahlung, das durch Rotation Masse gewinnt.
- Ein Viertel aller im frühesten Universum entstehenden Urbausteine bleibt nach der Wahrscheinlichkeitsrechnung als Bausteine universaler Materie erhalten.
- Das schwarze Loch ist eine maximal schnell rotierende schwarze Masse strukturlos maximal konzentrierter, strahlungsfreier Urbausteine.
- Die Naturgesetze des Universums ergeben sich durch zielgerichtete Selbstorganisation und Selbstoptimierung der universalen Entwicklung.
- Das Universum entwickelt sich durch die Konzentration der universalen Energie zwischen Urknall und Urknall vom Maximum zum Minimum der Entropie.
- Die widerspruchsfreie Entwicklung der Fluktuation der Ungleichheit zur endlichen Stabilität der Massen ist die »Quantengravitation« der ungleichen Verteilung.
- Intelligenz ist das Ergebnis der Selbstorganisation und der Selbstoptimierung der Entwicklung von Leben.

Die Hypothese einer anderen, einfacheren, logisch kausalen Existenz unserer Welt fordert die aktuelle Wissenschaft heraus – auch wenn die Hypothese aktuell ganz oder in Teilen nicht verifizierbar sein sollte. Drei Grundvoraussetzungen führen zum Verständnis der Logik dieser Hypothese. Sie müssen als Basis dieser Arbeit akzeptiert oder zumindest nicht für völlig unmöglich gehalten werden:

Unsere Welt kommt aus dem Nichts.

Das Prinzip der ungleichen Verteilung von Nichts ist die Grundformel für die Existenz dieser Welt.

Die ungleiche Verteilung von Nichts muss sich als das Etwas der Konzentration und das Nicht-Etwas der Expansion realisieren.

Wer bis hierher mitgehen kann, dem erschließt sich ein Bild unseres Universums, das im Ergebnis so aussieht wie das bisher von der Wissenschaft beschriebene Universum, das aber konsequent logisch und kausal strukturiert ist und das versucht, wichtige bisher offene Fragen zur universalen Existenz aus der Grundformel heraus zu beantworten. Das Weltbild der ungleichen Verteilung ist weder mathematisch beschrieben noch experimentell bewiesen. Jede wichtige Erkenntnis ist aber durch Logik, Kausalität und Plausibilität abgesichert, und was logisch eindeutig ist, muss im Zweifel auch wissenschaftlich beschreibbar sein.

Eine der Säulen des Weltbilds der aktuellen Physik ist die Quantenphysik. Im Vakuum der Quantenfeldtheorie entstehen Teilchen und Antiteilchen aus dem Nichts und werden wieder zu Nichts. Wie aber kann ein ganzes Universum, wie kann unsere unendlich vielfältige Welt aus dem Nichts entstehen? Eine naturphilosophische Betrachtung versucht, die Entstehung der Welt aus dem Nichts zu begründen, und aus der philosophischen Betrachtung zum Nichts entsteht die Logik einer veränderten physikalischen und kosmologischen Realität.

Das aktuelle Bild unseres Universums wird von zwei trivialen Tatsachen bestimmt: Alles, was ist, ist ungleich verteilt, und jedes kosmische Materiesystem und jedes Elementarteilchen rotiert. Im Denkmodell der ungleichen Verteilung von Nichts wird diese simple Realität universaler Existenz zur Basis eines neuen Weltbilds. Das Modell reduziert die Erklärung der unermesslichen Vielfalt unseres Universums auf die

Grundformel der ungleichen Verteilung, die durch die Selbstverstärkung der Ungleichheit die Stabilität der Rotation gewinnt. Mit der Selbstverstärkung der Ungleichheit zur Rotation wird ewig endlose Fluktuation von Konzentration und Expansion zur endlichen Realität und Stabilität universaler Massen im sich endlos zyklisch wiederholenden Universum der ungleichen Verteilung.

Die allem zugrunde liegenden Urfragen werden schon seit Jahrtausenden gestellt: Woher kommt unsere Welt? Was ist das Nichts? Kann es sein, dass alles Sein am Ende nur Nichts ist? Wer diese Fragen zu beantworten versucht, kommt irgendwann zwangsläufig zur Grunderkenntnis der vorliegenden Arbeit: Wenn unsere Welt aus dem Nichts kommt – und woher könnte sie sonst kommen? –, dann ist dies nur möglich, wenn sich das Nichts, um unsere Welt entstehen zu lassen, ungleich verteilt. Dann muss sich aus dem Nichts in einer Urwelt ungleicher Verteilung Weniger-Nichts als konzentriertes Etwas und Mehr-Nichts als Expansionsdruck zwischen Etwas und Etwas realisieren. Dann muss sich durch die Kräfte, die Etwas konzentrieren und expandieren, die Realität universaler Materie und universaler Entwicklung bilden können. Und wenn das Weniger-Nichts und das Mehr-Nichts der ungleichen Verteilung sich je wieder ausgleichen würden, wäre wieder nur Nichts.

Verfolgt man die Idee der ungleichen Verteilung von Nichts Schritt für Schritt, entsteht aus naturphilosophischer Betrachtung ein ganzes Weltbild physikalischer und kosmologischer Realität, das in Vielem anders ist als der aktuelle Stand der Wissenschaft. So erklären sich im Weltbild der ungleichen Verteilung die Existenz und die Stabilität jeder Masse – vom Elementarteilchen bis zum Universum als Ganzem – durch Rotation. Ungleiche Verteilung realisiert sich als Konzentration und Expansion. Die fluktuierende Ungleichheit von Konzentration und Expansion wird durch die Selbstverstärkung der Ungleichheit zur Stabilität der Rotation. Durch die Rotation der Masse entsteht Gravitation. Damit ergibt sich ein gewichtiges, bisher unbekanntes physikalisches Phänomen: Zusätzlich zur universalen Gravitation, die das Universum als Ganzes beherrscht, wirkt im Weltbild der ungleichen Verteilung eine rotationsbedingte masseinterne und massenahe Rotationsgravitation jeder rotationsstabilen Masse. Diese massenahe Rotationsgravitation ist im Mikrokosmos aufgrund extrem hoher Rotation der Teilchen massenah extrem stark und stellt sich im Weltbild der ungleichen Verteilung u. a. als die starke Kernkraft des Standardmodells dar. Im Makrokosmos bestimmt sie u. a. die Rotationsstabilität der Galaxien und kann als massenahe schwache Rotationsgravitation von Sonne und Erde der Grund für die Phänomene der Pioneer- und der Fly-by-Anomalie sein.

In der Logik des Weltbilds der ungleichen Verteilung ist der kleinste Urbaustein der Materie ein Energiequant frühester ultraenergetischer Urknallstrahlung jenseits der Energie der Gammastrahlung. Mit dem Urknall gewinnt dieses Quant durch Rotation Masse. Alle universalen Materiesysteme entstehen aus diesem Urbaustein, der erst unter den Bedingungen des erneuten Urknalls wieder zu Strahlung werden kann. Der Urbaustein des Weltbilds ist durch seine Entstehung im Urknall in der ganzen universalen Entwicklung zwischen Urknall und Urknall strahlungsfrei und nur durch seine Gravitation detektierbar. In der Entwicklung des Universums singulär erhaltene Urbausteine sind die schwarze Materie des Weltbilds der ungleichen Verteilung. Bei der entwicklungsbedingten Freisetzung der Strukturenergie der Materiesysteme im Ablauf der universalen Entwicklung verbleiben im Endstadium der Systeme strukturlos maximal konzentrierte, strahlungsfreie Urbausteine als die schwarzen Massen des Universums der ungleichen Verteilung.

Die Kräfte, die die universale Entwicklung bewirken, sind die Exkraft als Kraft der Expansion und die Gravitation als Kraft der Konzentration. Die Exkraft ist im Universum allgegenwärtig, bisher aber nicht als eigene universale Kraft formuliert. Exkraft und Gravitation sind als Kraft und Gegenkraft im Weltbild der ungleichen Verteilung die Grundkräfte jeder Existenz und Entwicklung. – Kräfte bedürfen zu ihrer Realisierung der

Energie. Die Existenz von Energie ergibt sich aus der Tatsache ungleicher Verteilung. Die nie endende Spannung, die durch das Bestreben der Ungleichheit entsteht, sich wieder zur Gleichheit auszugleichen, ist die ewige Existenz von Energie.

Das endliche, sich zyklisch wiederholende Universum der ungleichen Verteilung entwickelt sich zwischen Urknall und Urknall vom Zustand maximaler Expansion aller universalen Energie zum Zustand maximaler Konzentration des finalen, maximal schnell rotierenden Universums der universalen schwarzen Massen. Auch das Universum der ungleichen Verteilung als Ganzes rotiert. Mit der Entstehung und Verstrahlung der gigantischen Hierarchie universaler Materiesysteme wird im Weltbild der ungleichen Verteilung die Expansion des Universums bis zum kosmischen Maximum der Expansion durch den wachsenden Drehimpuls des Universums bestimmt. Das Weltbild der ungleichen Verteilung erkennt in der universalen Entwicklung keine Singularitäten vor dem Urknall und in der Existenz schwarzer Löcher.

In der virtuellen Urwelt der ungleichen Verteilung von Nichts stellt sich die Existenz von Weniger-Nichts und Mehr-Nichts als die ewige Fluktuation von Konzentration und Expansion dar. Die ewige Fluktuation wird durch Selbstverstärkung der Ungleichheit zur Rotation und damit zur Basis endlich universaler Entwicklung. Das Modell der Selbstverstärkung der Ungleichheit zur Stabilität der Rotation verbindet die Fluktuation ungleicher Verteilung widerspruchsfrei mit der endlichen Existenz und der Expansion und der Gravitation universaler Massen. Sie wird damit zur »Quantengravitation« des zwischen Urknall und Urknall zyklisch endlichen Universums der ungleichen Verteilung.

Aus naturphilosophischer Betrachtung zum Nichts ergibt sich in der hier dargestellten Hypothese in konsequenter Logik die alles umfassende Grundformel einer in Vielem neu zu verstehenden Welt der Physik und Kosmologie. Und mit dem zu erreichenden neuen Verständnis der

Entwicklung von Leben ergibt sich auch eine die Zukunft des Lebens bestimmende Menschformel der Intelligenz.

Das sich aus naturphilosophischer Betrachtung ergebende Weltbild der ungleichen Verteilung von Nichts präsentiert die Hypothese einer Welt, wie sie auch und einfacher strukturiert sein könnte. Die Wissenschaft wird sich mit den Erkenntnissen dieses Weltbilds auseinandersetzen müssen. Sie wird diese Erkenntnisse ganz oder auch in Teilen verifizieren oder falsifizieren müssen und vielleicht weitere wichtige Erkenntnisse hinzugewinnen. Es ist das Ziel der hier vorgestellten komprimierten Zusammenfassung des Weltbilds der ungleichen Verteilung, eine kausal begründete Alternative zu wichtigen Festschreibungen und Annahmen der Standardmodelle der Physik und Kosmologie zu bieten. Es ist das Ziel, damit neue Wege des logischen Denkens aufzuzeigen, auf denen bisher nicht lösbare Probleme vielleicht lösbar werden. Das naturwissenschaftliche Bild unserer Welt kann nicht nur mathematisch, sondern muss auch von Grund auf kausal und logisch begründbar sein, und das, was kausal und logisch ist, ist dann vielleicht auch mathematisch darstellbar. Es ist das Ziel dieser Arbeit, die Diskussion um Singularitäten, schwarze Löcher, dunkle Energie und dunkle Materie auf der deduktiven Denkebene einer umfassend einfachen Grundformel zusätzlich anzustoßen.

Die ungleiche Verteilung von Nichts

Sinn und Ziel der vorliegenden Arbeit ist die Vorstellung eines Weltbilds, das sich in detaillierter Vielfalt als klare Struktur eines in Vielem neu zu verstehenden Universums darstellt. Der nachfolgende Überblick soll einen ersten Eindruck der Komplexität der Thematik ermöglichen. Die tatsächliche Breite der Details wird dann in den Aphorismen und Statements deutlich. Erst wer versucht, das Weltbild als Ganzes zu erfassen, wird die in sich geschlossene Logik der Gesamtheit dieser Hypothese einer anderen Existenz unserer Welt wirklich überblicken können.

Erster Überblick

Die Grundformel

Aus dem ungewöhnlichen Denkansatz einer Naturphilosophie, aus der Idee der ungleichen Verteilung von Nichts, hat sich über eine Reihe von Jahren rationaler Auseinandersetzung mit den Konsequenzen dieser Idee ein Weltbild ergeben, das in vielem anders ist als der gegebene Stand unseres Wissens. Die Hypothese des Weltbilds einer möglichen anderen, endlich universalen Realität entsteht als theoretisch-philosophisches Denkmodell und wird in konsequenter Logik zur erstaunlichen Grundformel einer in wichtigen Grundlagen veränderten Physik und Kosmologie. Das Weltbild der Philosophie begründet sich aus der Logik einer trivialen Erkenntnis: Alles, was ist, ist ungleich verteilt, und das Prinzip der ungleichen Verteilung gilt auch für die ungleiche Verteilung selbst. Die ewig endlose Fluktuation ungleicher Verteilung wird durch die Selbstverstärkung der Ungleichheit von Konzentration und Expansion zur Rotation und damit zur endlichen Realität universaler Existenz.

Mehr-Nichts und Weniger-Nichts

Die ungleiche Verteilung in der Philosophie vom Nichts ist die Aufteilung des Nichts in ungleich verteilte Konzentration und Expansion. Weniger-Nichts ist konzentriertes Etwas und Mehr-Nichts ist der Expansionsdruck, der Etwas zu Etwas expandiert. Die Ungleichheit der ungleichen Verteilung von Konzentration und Expansion verstärkt sich selbst. Wenn damit Konzentration und Expansion sich gegenseitig zunehmend verstärken, verstärken sie sich, bis sie die Stabilität der Rotation gewinnen. Ewig endlos fluktuierende Konzentration und Expansion werden durch die Selbstverstärkung der Ungleichheit zur endlichen Realität der Rotation und damit zur Realität des Universums der ungleichen Verteilung. Das Weltbild der ungleichen Verteilung von Nichts ist das Weltbild einer sich zyklisch wiederholenden endlich universalen Realität, in der Alles gleich Nichts ist und Nichts gleich Alles. Sie beschreibt die endlich universale Realität und damit die ganze unermessliche Vielfalt unseres Universums zwischen Urknall und Urknall, die aus der Aufteilung des Nichts in Weniger-Nichts und Mehr-Nichts entstanden ist.

Die gleiche Verteilung

Das Nichts der Philosophie ist die absolute Leere, vergleichbar dem Bild einer völlig unbewegten Wasserfläche. Mit der Selbstverstärkung der ungleichen Verteilung von Nichts entstehen Etwas und Sein wie Wellen, Gischt und Tropfen bewegten Wassers. Wenn aus Nichts Etwas wird, entstehen Weniger-Nichts und Mehr-Nichts als konzentriertes und expandiertes Etwas. Wenn aus Nichtsein Sein wird, ist dies die ewig endlose Fluktuation von Konzentration und Expansion. Und wenn durch Selbstverstärkung der Ungleichheit die ewig endlose Fluktuation zur endlichen Stabilität der Rotation wird, ist dies die reale Existenz der universalen Massen. Wenn es je kein Etwas und kein Sein mehr gäbe, dann wären Fluktuation und Selbstverstärkung wieder aufgehoben zum Nichts der unbewegten Wasserfläche, zum Nichts, das im Weltbild der Philosophie gleichzeitig das Alles allen vorher je bewegten Wassers wäre.

Das Weltbild der Dualität

Die Grundformel der ungleichen Verteilung ist die Grundformel der Dualität. Die ungleiche Verteilung von Nichts ist nur in der Dualität von Etwas und Nicht-Etwas denkbar. Die Philosophie der ungleichen Verteilung beschreibt ein verändertes Bild der Existenz von Kraft und Energie, von Masse und Materie, von Zeit und Raum. Das Weltbild der zyklischen Endlichkeit durch Selbstverstärkung und Rotation ist das Weltbild der Dualität allen Seins, der Dualität von Konzentration und Expansion als Basis jeder endlich universalen Existenz, der Dualität von Exkraft und Gravitation als Kraft und Gegenkraft jeder Entwicklung, der Dualität von kinetischer und potentieller Energie als Zentrifugal- und Zentripetalenergie stabil rotierender Massen, der Dualität von Zeit und Raum als Garant ewig endlos zyklischer universaler Stabilität und in der Entwicklung menschlicher Existenz der Dualität von Leben und Intelligenz als dem Motor vorausschauend planbarer Entwicklung.

Stabilität

Die Existenz der ungleichen Verteilung von Nichts wird von den Kräften der Konzentration und der Expansion getragen. Quanten von Weniger-Nichts, die sich durch den Vorgang der Konzentration als Quanten von Etwas bilden, werden durch den Expansionsdruck von Mehr-Nichts gegeneinander expandiert. Wenn es damit eine ungleiche Verteilung von Quanten von Etwas gibt, die gegeneinander expandiert sind, dann muss dem die Kraft innewohnen, die Ungleichheit der Ungleichheit zu bewirken und damit die Ungleichheit zu verstärken. Dann muss es durch die Kraft der Konzentration das Bestreben von Quanten von Etwas geben, sich zu komplexeren Einheiten von Etwas zu konzentrieren. Da aber alle Quanten von Etwas unter dem Expansionsdruck des Nicht-Etwas stehen, kann sich der Vorgang weiterer Konzentration nur vollziehen und erhalten, wenn die sich bildenden komplexeren Einheiten von Quanten gegenüber der Kraft der Expansion Stabilität gewinnen. Die einzige Möglichkeit, dass sich selbst verstärkende Konzentration und sich selbst verstärkende Expansion das gemeinsame Ende der Selbstverstärkung erreichen und damit Stabilität gewinnen, besteht darin, die stabile Ordnung der Rotation zu erreichen. Die Philosophie des Weltbilds reduziert damit die Erklärung der Welt auf die einfachstmögliche Grundformel universaler Realität, auf die Grundformel der ungleichen Verteilung, die durch die Selbstverstärkung der Ungleichheit von Konzentration und Expansion zur Stabilität der Rotation wird.

Rotation

Das Weltbild der ungleichen Verteilung versteht die Formel e = mc^2 als die Formel der Existenz von Masse durch Rotation. Bewegung erzeugt Masse. Rotation ist stabile Bewegung. Die Rotation von Energie schafft die Existenz stabiler Masse. Die Rotation stabiler Massen schafft die Existenz und die Stabilität komplexer Massen und Materiesysteme. Jede endliche stabile universale Masse und damit jedes endliche universale Materiesystem – vom kleinsten Urbaustein und Elementarteilchen bis zur Galaxie und zum Universum als Ganzem – entsteht und gewinnt in der Logik des Weltbilds Existenz und Stabilität durch Rotation. Im Weltbild der ungleichen Verteilung bestimmt die Rotation als die alles beherrschende Existenzgrundlage aller universalen Massen die Expansion und die Gravitation und damit die Endlichkeit der universalen Entwicklung und die zyklisch endliche Existenz von Zeitablauf und Raum. In der Logik dieses Weltbilds ist das Universum selbst das größte universale Materiesystem, das seine Existenz und seine Expansion und Konzentration durch die Rotation der Gesamtheit aller universalen Massen erhält.

Selbstverstärkung

Die ewig endlos ungleiche Verteilung von Nichts ist die ewig endlose Fluktuation von Ungleichheit. Im Weltbild der ungleichen Verteilung verstärkt sich fluktuierende Ungleich, bis sie die Stabilität der Rotation erreicht. In der endlichen Entwicklung des Universums der ungleichen Verteilung vollzieht sich die Selbstverstärkung von Konzentration und Expansion, bis das Maximum möglicher Stabilität der durch die Selbstverstärkung endlichen universalen Energie erreicht ist. Dieses Maximum ist erreicht, wenn keine Energie mehr für die noch weitere Selbstverstärkung zur Verfügung steht und sich damit die Selbstverstärkung erschöpft. Stabilität erfordert zwingend das Gleichgewicht konzentrativer und expansiver Energie. In der endlich universalen Entwicklung ist dieses Gleichgewicht bis zum Kollaps der universalen schwarzen Massen am Ende der Entwicklung erhalten. In der universalen Entwicklung vollzieht sich die Selbstverstärkung von Konzentration und Expansion zur Stabilität von Masse in immer größeren Massen von der Rotationsstabilität kleinster Urbausteine über die Stabilität der Elementarteilchen, Atome, Sterne, Galaxien bis zur totalen Rotationsstabilität aller universalen Energie in den finalen, maximal konzentrierten und maximal schnell rotierenden schwarzen Massen vor dem erneuten Urknall. Die universale Selbstverstärkung von Konzentration und Expansion erschöpft sich und die finalen universalen schwarzen Massen kollabieren, wenn keine zusätzliche Rotationsenergie mehr bereitsteht, um das Gleichgewicht zur immer stärkeren Konzentration der finalen schwarzen Massen aufrechtzuerhalten.

Zwischen Urknall und Urknall

Das Weltbild der ungleichen Verteilung entwirft das Modell eines sich ewig wiederholenden endlichen Universums, das sich jedes Mal zyklisch zwischen Urknall und Urknall entwickelt. Mit jedem Urknall entsteht ein neuer Zeitablauf, der nach Vollendung der ganzen großen universalen Entwicklung im erneuten Urknall endet. Die universale Entwicklung vollzieht sich, indem sich die universale Energie in der Hierarchie der universalen Massen bindet, indem die Massen sich zu Materiesystemen konzentrieren und dabei gebundene universale Energie wieder freisetzen, und indem die Gesamtheit der nach der Freisetzung aller freisetzbaren Energie verbleibenden Materie sich zu den finalen universalen schwarzen Massen vor dem erneuten Urknall maximal dicht konzentriert. Die ewig endlose Wiederholung des Universums ist keine zeitliche Abfolge von Entwicklungen. Den Urknall überdauert keine Zeit. Zeit ist im Weltbild der ungleichen Verteilung definiert als der Ablauf der Endlichkeit rotierender Massen und damit der Endlichkeit des Universums als Ganzes. Im Zeitablauf der universalen Entwicklung entsteht und konzentriert sich die gigantische Hierarchie der universalen Massen vom kleinsten Urbaustein bis zum Universum als Ganzem zwischen Urknall und Urknall durch Rotation. Im Urknall entsteht nicht jedes Mal ein neues Universum, sondern das Universum entsteht in jedem Urknall neu. Von Universum zu Universum wird keine Vergangenheit und damit keine Information übertragen. Das Universum entwickelt sich jedes Mal in individueller Realität neu, als wäre es das erste Universum der ungleichen Verteilung.

Urknallkollaps

Im Weltbild der ungleichen Verteilung vollzieht sich die Entwicklung jeden Universums vom Zustand maximaler Expansion zum Zustand maximaler Konzentration. Das zyklische Universum der ungleichen Verteilung beginnt mit der Freisetzung der Gesamtheit der universalen Energie als Expansionsenergie im Urknall. Die Entwicklung verläuft mit der Entstehung, der Expansion und der Konzentration universaler Massen bis zur finalen Konzentration der Gesamtheit der universalen Energie in den universalen schwarzen Massen vor dem erneuten Urknall. Das Ende der universalen Entwicklung vollzieht sich als Kollaps des finalen, maximal schnell rotierenden Universums der maximal konzentrierten universalen schwarzen Massen. Im Urknallkollaps bricht das energetische Gleichgewicht von Konzentration und Expansion zusammen. Der sich immer mehr verstärkenden universalen Konzentration steht dann keine Möglichkeit der energetisch gleichwertigen Verstärkung der Rotation mehr gegenüber, weil deren Energiebedarf mit steigender Geschwindigkeit der Rotation exponentiell wächst. Wenn die Rotationsgeschwindigkeit des sich immer stärker konzentrierenden Universums nicht mehr klein gegenüber der Lichtgeschwindigkeit ist, wird für eine weitere Verstärkung der Rotation eine immer größere Menge an Energie benötigt, die nicht mehr zur Verfügung steht. Der Urknall transformiert die im kollabierenden finalen Universum der universalen schwarzen Massen konzentrierte Gesamtheit universaler Energie in den Zustand maximaler Expansion der Gesamtheit universaler Energie im neu entstehenden Universum.

Materie

Die Materie des endlichen Universums der ungleichen Verteilung ist durch Rotation stabilisierte universale Energie. Im Ablauf der universalen Entwicklung wird universale Energie zu einem erheblichen Teil in der Existenz von Materie gebunden und bei der entwicklungsbedingten Konzentration der Materie wieder freigesetzt. Die mit dem Urknall entstehenden Urbausteine der Materie sind Energiequanten höchstenergetischer elektromagnetischer Strahlung, die durch Rotation Stabilität und damit die Fähigkeit zur Wechselwirkung gewinnen. Aus Urbausteinen entstehen die komplexeren Materiesysteme der Elementarteilchen, aus Elementarteilchen Atome, aus Atomen Sterne und aus Sternen Galaxien. Jedes Materiesystem besteht aus rotationsstabilen Massen und erhält als Ganzes seine Stabilität und seine Fähigkeit zur Wechselwirkung durch Rotation. In jedem Materiesystem ist universale Energie als Rotationsenergie und damit als Strukturenergie des Systems gebunden. In der universalen Entwicklung zwischen Urknall und Urknall entsteht die gesamte Hierarchie der universalen Systeme bis zu den hochkomplexen Systemen der Galaxien und Galaxienhaufen. Im Verlauf der Entwicklung konzentrieren sich alle Materiesysteme wieder und setzen dabei ihre Strukturenergie wieder als Strahlungsenergie frei. Am Ende ist die gesamte Hierarchie universaler Massen zur extrem dichten, finalen Zusammenballung der universalen schwarzen Massen maximal dicht konzentrierter Urbausteine konzentriert. Die in den Urbausteinen der Materie gebundene Energie wird erst im Ereignis des Urknalls wieder freigesetzt, durch das die Gesamtheit der final hoch konzentrierten Energie universaler Materie in die Expansionsenergie des neu entstehenden Universums transformiert wird.

Gravitation

Im Weltbild der ungleichen Verteilung ist die Gravitation als Kraft der Konzentration die Gegenkraft zur Exkraft als Kraft der Expansion. Anders als in der Allgemeinen Relativitätstheorie hat sie nicht die Qualität einer Scheinkraft, sondern sie ist eine der beiden alles beherrschenden Grundkräfte der universalen Entwicklung. Die Logik des Weltbilds der ungleichen Verteilung beschreibt die Gravitation verändert zur Lehre der aktuellen Physik. Gravitation entsteht durch die Bewegung von Energie oder Masse. Im Weltbild der Philosophie ist ALLE Gravitation das Ergebnis der Bewegung von Energie oder Masse. Sowohl die Expansion der universalen Materiesysteme als auch die Rotation aller Massen sind Bewegung und erzeugen damit ein Gravitationsfeld dieser Massen. Die Logik des Weltbilds begründet damit in der universalen Realität der Hierarchie der Massen die Existenz zweier unabhängig voneinander wirkender gravitativer Kräfte, die mit unbegrenzter Reichweite wirkende universale Gravitation und die rotationsbezogene masseeigene, masseinterne und massenahe Rotationsgravitation.

Universale Gravitation

Die mit unbegrenzter Reichweite wirkende universale Gravitation ist im Weltbild der ungleichen Verteilung die Gegenkraft zur Expansionskraft der universalen elektromagnetischen Strahlung. Gravitationsenergie sammelt sich als Lageenergie und potentielle Konzentrationsenergie in den durch die Expansionskraft der Strahlung expandierten universalen Massen entsprechend dem Maß der Expansion und entsprechend der Größe der Masse an. Jedem als kinetische Expansionsenergie freigesetzten Photon elektromagnetischer Strahlung entspricht ein Graviton als energetisch gleiches Quant potentieller Gravitationsenergie. Der kinetischen Expansionsenergie, die die universalen Massen expandiert, steht als Gegenkraftenergie die gleich große potentielle Konzentrationsener-

gie gegenüber, die sich als gravitative Lageenergie in den expandierten
Massen speichert. Alle universalen Massen wechselwirken miteinander
durch die universale Gravitation und ziehen einander an. Die universale
Gravitation ist die Kraft der Konzentration, durch die sich zum Ende der
universalen Entwicklung alle universalen Massen zu den finalen universalen schwarzen Massen konzentrieren.

Massenahe Rotationsgravitation

Zusätzlich zur universalen Gravitation erzeugt im Weltbild der ungleichen Verteilung die Rotation jeder einzelnen Masse eine aus der Rotation
der Masse resultierende masseeigene, rotationsbezogene, masseintern
und massenah wirkende Rotationsgravitation. Die systemeigene massenahe Rotationsgravitation wirkt zusätzlich zu der durch die Größe der
Masse bestimmten universalen Gravitation masseintern auf die Rotationsstabilität und damit die innere Struktur der Masse. Sie wird durch
die Stärke der Rotation der einzelnen Massen bestimmt.

Die Materiesysteme des Mikrokosmos rotieren mit extrem hoher Geschwindigkeit, die nicht klein gegenüber der Lichtgeschwindigkeit ist.
Im Mikrokosmos hat damit jedes Teilchen außer der – wegen seiner
geringen Masse unmessbar kleinen – universalen Gravitation eine aus
seiner extrem hohen Rotation resultierende, im direkten Nahbereich
des Teilchens extrem starke Rotationsgravitation und wechselwirkt mit
dieser Rotationsgravitation mit anderen Teilchen. Im Weltbild der ungleichen Verteilung erklärt sich die für den Aufbau der Materie entscheidende starke Wechselwirkung als rotationsbedingte massenahe
Rotationsgravitation der im Weltbild der ungleichen Verteilung extrem
schnell rotierenden Kernbausteine.

Gravitation im Makrokosmos

Entsprechend der Massestruktur der sehr viel langsamer rotierenden Materiesysteme des Makrokosmos ist die Rotationsgravitation der Systeme im Verhältnis zu der durch die Gesamtmasse bestimmten universalen Gravitation sehr viel geringer und hat nur im direkten Nahbereich einen Einfluss auf deren gravitative Wechselwirkungen. Die durch die Gesamtmasse der Systeme gegebene universale Gravitation bestimmt ganz maßgeblich die gravitativen Wechselwirkungen des Makrokosmos. Trotzdem ist die massenahe Rotationsgravitation auch in der Existenz der Materiesysteme des Makrokosmos eine essentielle Größe. So ist zur rotationsstabilen Existenz eines Systems das Gleichgewicht zwischen der die Rotation bewirkenden Rotationskraft und der damit verbundenen Zentrifugalenergie sowie der die Konzentration bewirkenden Gravitation und der damit verbundenen Zentripetalenergie notwendig. Die Rotationsstabilität auch der Materiesysteme des Makrokosmos wird durch die masseinterne Rotationsgravitation bestimmt, die sich aus der rotierenden Ruhemasse des Systems und dessen Rotation ergibt. Die Bedeutung der Rotationsgravitation im Makrokosmos liegt in ihrer die Stabilität der Systeme bestimmenden systemeigenen Zentripetalkraft. Externe gravitative Wechselwirkungen vollziehen sich nur im Nahbereich der Systeme. So können z. B. in der Logik des Weltbilds die Pioneer-Anomalie und die Fly-by-Anomalie durch die schwache massenahe Rotationsgravitation der Sonne bzw. der Erde verursacht sein.

Masse durch Rotation

Die gravitativ wirksame Masse eines rotierenden Materiesystems wird durch die Größe der rotierenden Masse und die durch die Stärke der Rotation zusätzlich entstehende Rotationsmasse bestimmt. Beide kumulieren zur Gesamtmasse des Systems, mit der das System mit anderen Systemen wechselwirkt. Im Mikrokosmos wird die Masse des Teilchens, mit der es wechselwirkt, ganz überwiegend durch die extrem hohe Rotation bestimmt. Die Materiesysteme des Makrokosmos haben hingegen extrem große Ruhemassen, die mit sehr viel geringerer Geschwindigkeit rotieren. Auch die Massen des Makrokosmos werden aber durch deren Rotation mit bestimmt. Bei entsprechend großen rotierenden Ruhemassen tragen auch niedrigere Rotationsgeschwindigkeiten entsprechend zur Gesamtmasse des Systems bei.

Rotationsstabilität der Galaxie

In der aktuellen Kosmologie wird zur Begründung der Rotationsstabilität der Galaxie ein großer Anteil an dunkler Materie angenommen. In der Logik des Weltbilds der ungleichen Verteilung ist dies offen. Die Rotationsstabilität einer Galaxie beruht nicht nur auf der sichtbaren und ggf. dunklen Materie. Die Rotation der sichtbaren und ggf. dunklen Materie der Galaxie erzeugt zusätzlich zur universalen Gravitation auch die als Zentripetalkraft galaxieintern wirkende Rotationsgravitation der Galaxie. Damit bestimmt sie durch das Gleichgewicht der beiden Kräfte die Stabilität des Systems. Es muss sich im Computermodell berechnen lassen, ob die zentripetal wirkende Rotationsgravitation, die sich aus der Rotation der sichtbaren Materie des Systems ergibt, zusammen mit der universalen Gravitation der sichtbaren Materie ausreicht, um die Rotationsgeschwindigkeit der Galaxie zu bestimmen. Wenn sich dabei zeigt, dass zur Rotationsstabilität der Galaxie zusätzliche, nicht sichtbare Materie gegeben sein muss, muss dies in der Logik des Weltbilds der ungleichen Verteilung die strahlungsfreie schwarze Materie singulär erhaltener Urbausteine sein.

Exkraft

Die Exkraft ist als Kraft der Expansion im Universum allgegenwärtig, wurde bisher aber nicht als eigene Grundkraft formuliert. Sie ist im Weltbild der ungleichen Verteilung in der endlichen universalen Entwicklung die Expansionskraft elektromagnetischer Strahlung und damit die Gegenkraft zur Gravitation. Sie bewirkt die Expansion und die Rotation der universalen Massen und bestimmt damit den Raum des Universums. Im Mikrokosmos ist die Exkraft die Rotationskraft der extrem hohen Rotation der Teilchen. Sie bestimmt durch die von ihr bewirkte elektrische Ladung – zusätzlich zur starken massenahen Rotationsgravitation – die Wechselwirkung der Teilchen. Im endlichen universalen Entwicklungsablauf wird die Exkraftenergie elektromagnetischer Strahlung zur Rotationsenergie und bewirkt durch ihr Strahlungsdruckfeld die Entstehung, die Expansion und die Rotation der universalen Massen und Materiesysteme. Exkraftenergie wird als Rotations- und damit als Strukturenergie in der Existenz und Stabilität der universalen Massen gebunden und bei der entwicklungsbedingten Konzentration der Materiesysteme als Bindungsenergie und damit erneut als Strahlung wieder freigesetzt.

Energie

Die Grundformel des Weltbilds der ungleichen Verteilung begründet die Existenz von Kraft und Energie. Sie erklärt Exkraft und Gravitation als die Kräfte der Expansion und Konzentration, die als Grundkräfte des Weltbilds die gesamte universale Entwicklung zwischen Urknall und Urknall bestimmen. Der Vollzug jeder Kraftwirkung bedarf der Energie. Das Weltbild der ungleichen Verteilung erklärt Energie als die Spannung zum Ausgleich der ungleichen Verteilung zum ewig endlosen Nichts der gleichen Verteilung. Die Existenz der Spannung zum Ausgleich ist die zwingende Konsequenz der Existenz ungleicher Verteilung. Solange ungleiche Verteilung existiert, existiert die Spannung zum Ausgleich der Ungleichheit – und damit auch das den Vollzug jeder Entwicklung bestimmende Phänomen der Energie.

Die Logik des Weltbilds der ungleichen Verteilung beschreibt den sich ewig vollziehenden, aber nie erreichten Ausgleich der Spannung als Grund ewig endloser Energiefluktuation. Die nie endende Spannung zum Ausgleich ist die Energie der ungleichen Verteilung in der ewig endlosen Fluktuation der Ungleichheit ebenso wie in der zyklischen Endlichkeit universaler Entwicklung. Das Weltbild der ungleichen Verteilung ist das Weltbild der ewig endlosen Existenz von Energie. Ohne ungleiche Verteilung gäbe es keine Spannung zum Ausgleich und keine Energie. Und wenn sich die Spannung je zur gleichen Verteilung ausgleichen würde, wäre alle Energie der ungleichen Verteilung nur noch energieloses Nichts.

Energetisches Gleichgewicht

Die ewig endlose Fluktuation der Spannung zum Ausgleich von Konzentration und Expansion ist die ewig endlose Fluktuation von Energie. Jedes Quant der Spannung ist ein Quant potentieller Energie. Jeder Vorgang des Ausgleichs vollzieht sich durch ein Quant kinetischer Energie. Im Ablauf der endlichen universalen Entwicklung entsteht mit jeder Realisierung kinetischer Energie die Ansammlung gleich großer potentieller Gegenkraftenergie, und jede Realisierung potentieller Energie vollzieht sich mit der Realisierung gleich großer kinetischer Energie. Damit bleibt der tatsächliche Ausgleich von Expansion und Konzentration auch im zyklisch endlichen Universum auf ewig unvollzogen, und die universale Energie bleibt in ihrer Gesamtheit von Urknall zu Urknall existent. Das energetische Gleichgewicht zwischen Konzentration und Expansion bleibt in der gesamten universalen Entwicklung bis zum finalen Urknallkollaps erhalten. In der zyklischen Endlichkeit der universalen Entwicklung vollzieht sich der Ausgleich der Spannung zwischen Expansion und Konzentration im energetischen Gleichgewicht als der nie erreichte Ausgleich zwischen der Gesamtheit der expansiven Energie elektromagnetischer Strahlung im initialen Urknall und der Gesamtheit der konzentrativen Energie im finalen, maximal konzentrierten und maximal schnell rotierenden Universum schwarzer Massen. Wenn das Gleichgewicht universaler Energie am Ende der Entwicklung im Urknallkollaps zusammenbricht, stellt es sich im Ereignis des Urknalls für die neue universale Entwicklung wieder her.

Die Gesamtheit universaler Energie

Weil das Universum endlich ist, muss die Energie, die die Existenz des Universums bestimmt, endlich sein. Die Gesamtheit universaler Energie ist die Energie der im Urknall freigesetzten elektromagnetischen Strahlung, die schon im ersten Entwicklungsschritt zu Rotationsenergie der entstehenden Urbausteine universaler Materie und zu Rotationsenergie des entstehenden Universums wird. Vor dem Urknall ist in der finalen, maximal konzentrierten Urknallmasse die Spannung zum Ausgleich so groß, dass sich im Kollaps des Urknalls die reaktive Umwandlung total potentieller in total kinetische Energie vollzieht. Mit der sich im Urknall vollziehenden Umwandlung wechselt die endlich universale Energie vom Zustand maximaler Konzentration zum Zustand maximaler Expansion und baut damit erneut die Spannung auf, universale Entwicklung zu bewirken. Im Ablauf der zyklischen Endlichkeit universaler Energie braucht es eine ganze universale Entwicklung mit der Entstehung, der Expansion und der Konzentration der gigantischen Hierarchie universaler Massen, um vom Ereignis des Urknalls zum Ereignis des Urknalls zu gelangen. Die endlich universale Energie setzt sich zu jedem Zeitpunkt der universalen Entwicklung zusammen aus der Expansionsenergie der im Universum freien elektromagnetischen Strahlung, der Rotationsenergie des Universums als Ganzes und aus der in allen universalen Materiesystemen gebundenen Rotationsenergie der

Gesamtheit aller universalen Massen. Das Universum der ungleichen Verteilung benötigt zu seiner Existenz und Entwicklung zu keinem Zeitpunkt der Entwicklung dunkle Energie.

Die universale Entwicklung

Im Weltbild der ungleichen Verteilung expandiert das Universum vom Urknall bis zum kosmischen Maximum der Expansion und konzentriert sich dann wieder bis zur maximal konzentrierten Zusammenballung universaler schwarzer Massen vor dem erneuten Urknall. Diese Entwicklung vollzieht sich durch die Entstehung, Expansion und Konzentration der Hierarchie der universalen Massen vom Urbaustein der Materie bis zum Universum als Ganzem. In der Entstehung der Massen wird Expansionsenergie als Rotationsenergie gebunden und bei der Konzentration der Materiesysteme wieder bis auf die bleibende Existenz der sich in den schwarzen Massen konzentrierenden Urbausteine freigesetzt. Die endliche Energie des Universums wechselt in der universalen Entwicklung zwischen der Strahlungsenergie der initialen universalen rotativen Expansion und der Rotationsenergie der subuniversalen Massen. Die Kurve der expansiven und konzentrativen universalen Entwicklung wird durch das zu jedem Punkt des Zeitablaufs gegebene Verhältnis der stabilen Rotationsenergie der konzentrierten subuniversalen Massen zur expansiven Rotationsenergie des Universums als Ganzes bestimmt.

Universaler Drehimpuls

Die endliche universale Expansion und Konzentration vollziehen sich im Weltbild der ungleichen Verteilung mit der Gesamtheit der endlichen universalen Energie. Für die expansive und konzentrative Rotation des Universums steht alle Energie, die nicht als Strukturenergie der subuniversalen Massen gebunden ist, zur Verfügung. Die universale Rotationsenergie speichert sich im Drehimpuls des Universums, der so lange anwächst, wie die als Strukturenergie der Materiesysteme gebundene Strahlungsenergie durch die Konzentration der Materiesysteme wieder freigesetzt wird. Die Gesamtheit der subuniversalen Massen verringert sich durch die Konzentration und die Abstrahlung von Energie. Die frei werdende Strahlungsenergie verstärkt die universale Rotation. Solange dies in ausreichendem Umfang geschieht, expandiert das Universum durch seine offene Rotation in dem Umfang, in dem der Drehimpuls wächst. Wenn keine frei werdende Strahlungsenergie mehr für die rotative universale Expansion zur Verfügung steht, ist im kosmischen Maximum der Expansion der maximale Drehimpuls des Universums erreicht. Es beginnt sich in seiner jetzt konzentrativen Entwicklung wieder zu konzentrieren. Der Drehimpuls bleibt dabei auf seinem höchsten Stand gleich. Mit wachsender Konzentration rotiert das sich konzentrierende Universum bei gleich bleibendem Drehimpuls immer schneller, bis es zum erneuten Urknall kollabiert. Im Weltbild der ungleichen Verteilung expandiert das Universum in seiner expansiven Phase der Entwicklung mit dem durch frei werdende Strahlungsenergie wachsenden Drehimpuls, ohne dass zu seiner Expansion dunkle Energie erforderlich wäre.

Krümmung der universalen Kraftfelder

Im Weltbild der ungleichen Verteilung wird im Urknall die Gesamtheit der universalen Energie als elektromagnetische Strahlung freigesetzt und bildet das universale Strahlungsdruckfeld. Ein erheblicher Teil der Strahlungsenergie wird in der frühen universalen Entwicklung als Rotationsenergie und damit als Strukturenergie der Systeme gebunden. Das verbleibende Strahlungsdruckfeld elektromagnetischer Strahlung krümmt sich im Weltbild der ungleichen Verteilung um die entstehenden universalen Massen entsprechend der Größe der einzelnen Masse. Die Krümmung bewirkt die Entstehung eines negativen Vakuumdrucks zwischen den Massen und expandiert diese gegeneinander. Der kinetischen Energie der expandierenden Massen steht die gleich starke potentielle Energie der Konzentration gegenüber, die sich als Lageenergie der expandierten Massen speichert. Die sich speichernde Lageenergie ist die universale Gravitation der Massen. Im Weltbild der ungleichen Verteilung verstärkt sich mit wachsender universaler Expansion der Massen deren gravitative Lageenergie, und die Anziehungskraft zwischen den Massen wächst.

Die universale Gravitation der Massen wächst bis zur Erreichung des kosmischen Maximums der Expansion entsprechend der universalen Expansion. Damit wächst auch die Gravitation aller universalen Materiesysteme einschließlich der Gravitation des Planeten Erde. Mit der Expansion der Massen wächst der universale Raum. Mit der wachsenden Schwerkraft der expandierten Massen wird der wachsende universale Raum zum sich verstärkenden universalen Konzentrationskraftfeld der Gravitation. So wie sich das Expansionsdruckfeld der Strahlung um die universalen Massen entsprechend deren Größe krümmt, krümmt sich auch das Gravitationskraftfeld des Raums durch die in den Massen gespeicherte gravitative Lageenergie um die universalen Massen.

Universale Selbstorganisation

Das Weltbild der ungleichen Verteilung erkennt keine die Existenz des Universums bewirkende per se existente Grundlage von Naturgesetzen und Naturkonstanten und keinen alles steuernden Plan der universalen Entwicklung. Das sich ewig wiederholende Universum der ungleichen Verteilung ist Schöpfung ohne Schöpfer und entwickelt sich zielgerichtet durch Selbstorganisation und Selbstoptimierung von Urknall zu Urknall. Das die Selbstorganisation bestimmende Ziel der universalen Entwicklung wird durch die zyklische Selbstverstärkung von Konzentration und Expansion bestimmt. Die Entwicklung verläuft von der initial maximal starken Expansion der universalen Energie bis zu deren final maximal starken Konzentration. Um diese Entwicklung vollziehen zu können, entsteht durch Selbstorganisation und Selbstoptimiereng die ganze universale Naturgesetzmäßigkeit der Existenz und der Wechselwirkung der Massen und Materiesysteme vom Urbaustein bis zum Universum als Ganzem. Alles, was im Ablauf der Selbstorganisation der universalen Entwicklung der Erreichung des universalen Entwicklungsziels dient, bleibt stabil. Sich wiederholende Entwicklungsschritte formulieren ihr eigenes Naturgesetz. Die Entstehung und die Existenz individueller universaler Stabilität vollziehen sich in jedem neuen Universum mit der Gesamtheit der sich jedes Mal neu selbst organisierenden Naturgesetze in zielgerichteter endlich universaler Entwicklung.

Quantisierung

Die Grundformel des Weltbilds der ungleichen Verteilung begründet die Quantisierung von Kraft und Energie. Ungleichheit kann nur diskret ungleich sein. Im Weltbild der Philosophie steht jedem Quant Expansionsenergie, jedem Photon, das als elektromagnetische Strahlung freigesetzt wird, ein Quant gleich großer potentieller Konzentrationsenergie gegenüber. Mit jedem Quant Strahlungsenergie, das sich in der universalen Entwicklung als kinetische Expansions- und damit als Rotationsenergie realisiert, realisiert sich ein Quant potentieller gravitativer Gegenkraftenergie als Lageenergie der rotierenden Massen. Die Logik des Weltbilds der ungleichen Verteilung sieht das Quant potentieller Gegenkraftenergie zum Photon als Graviton. Das Graviton des Weltbilds ist ein Teilchen, das nur durch seine Wirkung nachgewiesen werden kann. Es ist im Gegensatz zur kinetischen Energie des Photons potentielle Energie und damit ein Quant der nicht materiellen Eigenschaft eines stabilen Materiesystems, Schwerkraft zu besitzen. Das Graviton des Weltbilds kann nicht im Experiment als sich bewegendes Teilchen gezeigt werden. Seine Energie ergibt sich als massebezogene und masseabhängige Fähigkeit zur gravitativen Wechselwirkung jeder entste-

henden Masse im Mikro- wie im Makrokosmos. Die Masse des reaktiv
zur Freisetzung des Photons entstehenden Gravitons ist in der Logik des
Weltbilds unterschiedlich groß – entsprechend der Energie des jeweils
expansiv wechselwirkenden Photons.

Elektromagnetische Wechselwirkung

Die Rotation jeder Masse erzeugt ein Magnetfeld. In der Logik des
Weltbilds bewirkt die Erzeugung des Magnetfelds die Existenz eines
elektrischen Felds der rotierenden Masse senkrecht zum Magnetfeld
und damit parallel zur Rotationsebene. Die Energie des elektrischen
Felds ist die elektrische Ladung der Masse. Die durch die elektrische Ladung bewirkte Wechselwirkung der Massen ist die elektromagnetische
Wechselwirkung. Durch gleichgerichtete Rotation gegebene elektrische
Ladungen von Massen stoßen einander ab. Entgegengesetzt gerichtete
Ladungen ziehen einander an. Durch die hohe Rotation der Massen
des Mikrokosmos wird die elektromagnetische Wechselwirkung neben
der massenahen Rotationsgravitation zur wichtigen Größe der Wechselwirkung der Teilchen. Im Makrokosmos wird die Wechselwirkung
der Massen maßgeblich durch die Größe der Massen und nur marginal
durch die Stärke der Rotation und die sich daraus ergebende elektrische
Ladung bestimmt. Im Makrokosmos ist die universale Gravitation die
maßgebliche Kraft für die Wechselwirkung der Massen.

Elektrische Ladung

In der Logik des Weltbilds der ungleichen Verteilung entsteht die
elektrische Ladung einer Masse durch deren Rotation und bestimmt
ihr Vorzeichen durch die Drehrichtung der Rotation, bezogen auf die
Drehrichtung des rotierenden Universums und die sich damit ergebende
elektrische Ladung des Universums als Ganzes. Die elektrische Ladung

einer Masse stellt sich als eine durch die Drehrichtung festgelegte Qualität der Rotationsenergie der Masse dar, deren Stärke durch die Stärke der Rotation bestimmt wird. Die elektrische Ladung des Universums ist im frühesten, kompakten, hoch rotierenden Universum extrem hoch. Sie bestimmt damit im frühen Universum sehr direkt die Lage der Drehachse und das Vorzeichen der elektrischen Ladung aller in der universalen Entwicklung existent verbleibenden Teilchen und Materiesysteme. In der späteren universalen Entwicklung des Makrokosmos ist der Einfluss der Drehachse des Universums auf die Drehachse der Systeme sehr viel geringer. Die Drehachse großer Materiesysteme weicht teilweise entwicklungsbedingt erheblich von der Lage der universalen Drehachse ab.

Herkunft der Materie

Im Weltbild der aktuellen Kosmologie entsteht die universale Materie dadurch, dass bei der Annihilation der Teilchen-Antiteilchen-Paare im frühesten Universum ein Teilchen auf eine Milliarde annihilierender Teilchen-Paare als Überschuss an Materie und damit als Baustein aller universalen Materie erhalten bleibt. Der Grund für diesen Vorgang ist ungeklärt. Im Weltbild der ungleichen Verteilung annihiliert im frühesten Universum ein Teil der entstehenden Grundbausteine des Universums aufgrund ihrer elektrischen Ladung. Alle Grundbausteine, die einander entgegengesetzt geladen sind, ziehen einander sowohl durch ihre Ladung als auch durch ihre massenahe Rotationsgravitation an und annihilieren. Gleichgerichtet geladene Grundbausteine annihilieren nicht miteinander. Außerdem ist das früheste, hochdichte Universum selbst durch seine hohe Rotation stark elektrisch geladen. Die Ladung der Grundbausteine, die gleichgerichtet geladen sind und nicht miteinander annihilieren, deren Ladung aber der Ladung des Universums entgegengesetzt gerichtet ist, hebt sich mit der Ladung des Universums auf. Die betroffenen Grundsteine annihilieren mit dem Universum. Es verbleiben alle Grundbausteine, die sowohl untereinander als auch mit dem Universum gleichgerichtet geladen sind. Diese Grundbausteine sind die Bausteine der universalen Materie. Im Weltbild der ungleichen Verteilung muss nach reiner Wahrscheinlichkeitsrechnung ein Viertel aller im frühesten Universum entstehenden Grundbausteine als universale Materie erhalten bleiben. Tatsächliche Werte müssten durch Computersimulation des tatsächlichen Verlaufs der Expansion und Annihilation zu ermitteln sein.

Bindungs- und Auflösungsenergie

Auch im Weltbild der ungleichen Verteilung wird bei der Konzentration von Materiesystemen Bindungsenergie als Exkraftenergie elektromagnetischer Strahlung und damit im endlichen Universum als Rotationsenergie freigesetzt. In der Gegenwirkung dazu setzt in der Logik des Weltbilds der ungleichen Verteilung auch die Expansion von Materiesystemen und damit im endlichen Universum die Rotation von Massen Energie als Konzentrations- und damit als Gravitationsenergie frei. Die durch die Expansion von Materiesystemen freigesetzte Konzentrationsenergie wird im Weltbild der Philosophie unter dem Begriff der Auflösungsenergie geführt. In der durch Rotation bewirkten Existenz der Massen stellt sich die durch Konzentration als Strahlung freigesetzte Bindungsenergie als die Zentrifugalenergie und die durch die Rotation als Gravitation realisierte Auflösungsenergie als die Zentripetalenergie der Massen dar.

Wechselwirkung der Teilchen

Im der Logik des Weltbilds der ungleichen Verteilung werden die energetische Existenz und die Wechselwirkung der Teilchen im Mikrokosmos durch die Rotationsenergie, die Energie der massenahen Rotationsgravitation, die elektrische Ladung, die frei werdende Bindungsenergie bei

Konzentrationsvorgängen und die frei werdende Auflösungsenergie bei Expansionsvorgängen bestimmt. Die universale Gravitation ist wegen der geringen Masse der Teilchen unmessbar klein und hat keinen messbaren Einfluss auf deren Existenz und Wechselwirkungen. Die Kräfte, die die energetische Existenz der Teilchen des Mikrokosmos bestimmen, sind die Exkraft, die massenahe Rotationsgravitation und die durch die Exkraft bewirkte elektromagnetische Kraft. Entscheidend im Weltbild der ungleichen Verteilung ist die Tatsache, dass Masse durch Rotation entsteht und dass dies auch für die Urbausteine und Elementarteilchen der universalen Materie gilt.

Im frühen Universum ist das Universum so dicht, d. h., der universale Druck ist so hoch, dass die Energiequanten höchstenergetischer elektromagnetischer Strahlung unentwegt miteinander wechselwirken und dabei durch Rotation Masse gewinnen. In der Logik des Weltbilds der ungleichen Verteilung hat das Energiequant der quantisierten elektromagnetischen Welle, solange es ein Energiequant der Welle ist, keine Masse. Das Energiequant wird aber, wenn es mit Energie oder Masse wechselwirkt, im Augenblick der Wechselwirkung durch Rotation zu Masse und damit zum Teilchen. Das masse- und zeitlose, sich mit Lichtgeschwindigkeit bewegende Wellenquant gewinnt im Augenblick der Wechselwirkung Masse, Zeit und Endlichkeit.

Strahlungsdruckfeld

Im Weltbild der ungleichen Verteilung erhalten alle Teilchen des Mikrokosmos, auch nur kurzzeitig existente Teilchen, ihre Masse durch Rotation. Das als Energiequant entstehende Teilchen gewinnt seine Masse im Ereignis der Wechselwirkung durch Rotation und erhält die dafür notwendige Energie aus dem universalen Strahlungsdruckfeld. Unterschiedliche Massen der Teilchen erklären sich durch die unterschiedlich große Energie der Quanten und die damit unterschiedlich große Aufnahme von Rotationsenergie in der konkreten Wechselwirkung. Das universale Strahlungsdruckfeld hat in der Logik des Weltbilds der ungleichen Verteilung die Funktion des in der Teilchenphysik postulierten Higgs-Felds, indem es jedem Teilchen für die Dauer seiner Existenz als Teilchen Masse verleiht.

Urbaustein der Materie

Nach einer Hypothese des Weltbilds der ungleichen Verteilung muss es im Urknall eine früheste ultraenergetische Strahlung jenseits der Energie der Gammastrahlung geben. Die Energiequanten dieser Strahlung werden im ersten universalen Entwicklungsschritt durch Rotation die Urbausteine der universalen Materie, in der Terminologie des Weltbilds die Rotaquanten. Rotaquanten, die nicht nach ihrer Entstehung wieder annihilieren oder in der Entstehung komplexer Materiesysteme aufgehen, verbleiben in der ganzen Entwicklung des Universums singulär als Teilchen strahlungsfreier schwarzer Materie, die nur noch gravitativ wechselwirkt. Während in der universalen Entwicklung alle rotative Strukturenergie komplexer Materiesysteme in Konzentrationsvorgängen vom Sternbrennen bis zur Supernova wieder verstrahlt wird, bleiben Existenz und Stabilität der frühesten Urbausteine als Teilchen schwarzer Materie in den sich konzentrierenden schwarzen Massen bis zum erneuten Urknall erhalten. Da die Rotations- und damit Expansionsenergie der Teilchen schwarzer Materie erst in der Situation des erneuten Urknalls wieder freigesetzt wird, lassen sich die Teilchen nicht detektieren – außer durch ihre gravitative Wirkung.

Schwarze Massen

Im Weltbild der ungleichen Verteilung sind weder die Situation vor dem Urknall noch die Existenz schwarzer Massen ein Zustand der Singularität. Das schwarze Loch des Standardmodells ist im Weltbild der ungleichen Verteilung die maximal konzentrierte, temperaturlose schwarze Masse der in allen vorhergehenden Konzentrationsvorgängen verbleibenden, strahlungs- und wechselwirkungsfrei extrem konzentrierten schwarzen Materie der Urbausteine. Die Gesamtheit aller universalen Materie konzentriert sich in der universalen Entwicklung zu schwarzen Massen. Die finale universale, zum Urknall kollabierte schwarze Masse ist die Konzentration aller universalen schwarzen Massen. Der Urknall transformiert die Gesamtheit der in den finalen schwarzen Massen konzentrierten universalen Energie vom Zustand maximaler Konzentration in den Zustand maximaler Expansion. Die strahlungsfreie schwarze Masse maximal dicht konzentrierter Urbausteine hat in der Logik des Weltbilds der ungleichen Verteilung geringstmögliche Temperatur, maximal mögliche Information und geringstmögliche Entropie. In der universalen Entwicklung entstehen die schwarzen Massen durch die Verstrahlung aller Strukturenergie der sich konzentrierenden komplexen Materie. In der Logik des Weltbilds müssen sich im frühen, raumarmen Universum wegen dessen Dichte an schwarzer Materie Zusammenballungen von Urbausteinen zu primordialen schwarzen Massen entwickelt haben – und zwar allein durch die gravitative Wechselwirkung der Urbausteine und ohne oder nur in geringerem Umfang durch Verstrahlung von Strukturenergie komplexer Materie. Die Schwerkraft solcher frühester, teilweise sehr großer schwarzer Massen muss die Bildung sehr früher Galaxien bewirkt haben.

Virtuelle Fluktuation

Die Logik des Weltbilds der ungleichen Verteilung besagt, dass die ewig endlose Fluktuation von Kraft und Energie ein virtueller Zustand ist, der die Existenz der Grundformel der ungleichen Verteilung bestätigt, dass es aber keine observable Realität der ewigen Fluktuation geben kann. Die Theorie der ungleichen Verteilung von Nichts ist die Grundformel, aus der sich die umfassende Realität universaler Endlichkeit schlüssig ergibt. Vergleichbar der Vakuumfluktuation der Quantenphysik, in der die entstehenden Teilchen und Antiteilchen nicht observable, nur virtuell existente Teilchen sind, sind in der ewig endlosen Kräfte- und Energiefluktuation der Grundformel der ungleichen Verteilung das Etwas der Konzentration und das Nicht-Etwas der Expansion nicht observabel. Die ewig endlose Fluktuation der Ungleichheit ist die virtuelle Fluktuation der Konzentration und Expansion von virtuellem Etwas, die durch Selbstverstärkung der Ungleichheit zur realen universalen Endlichkeit des Weltbilds der ungleichen Verteilung wird.

Die Zeit

Zeit ist im Weltbild der ungleichen Verteilung kein absolutes, die Endlichkeit der Universen überdauerndes Maß und damit keine unendliche Größe. Der Ablauf der Zeit ist der Ablauf jeder einzelnen der sich endlos zwischen Urknall und Urknall wiederholenden endlichen universalen Entwicklungen. Die Zeit ist das Sein. Nur wo Sein ist, kann es den Ablauf von Zeit geben. Die ewig endlose Kräfte- und Energiefluktuation der ungleichen Verteilung ist auch die Fluktuation der Zeit und damit die Nichtexistenz von Zeitablauf. Jeder einzelne virtuelle Vorgang der Fluktuation ist für den Augenblick seiner Existenz ein Quant des Seins und damit ein Quant der Zeit. Der Ablauf von Zeit über die Existenz des Zeitquants der Fluktuation hinaus entsteht erst mit der Existenz und Stabilität der Rotation. Im quantisierten Sein und der quantisierten Zeit der ewig endlosen Fluktuation kann es keine ein Quant der Fluktuation überdauernde Realität von Sein und keinen Ablauf von Zeit geben. In der endlichen Existenz des Universums fortbestehendes Sein und der Ablauf von Zeit endlicher universaler Existenz entstehen mit der Selbstverstärkung der Ungleichheit zur zyklisch endlichen universalen Entwicklung.

Individualität des Zeitablaufs

In der Logik des Weltbilds der ungleichen Verteilung hat jede durch Rotation existente Masse masseeigene Endlichkeit und masseeigenen Zeitablauf. Der masseeigene Zeitablauf beginnt mit der Entstehung der Stabilität der Masse durch Rotation und endet mit dem Ende der Stabilität der Masse. Der Zeitablauf eines individuellen Universums zwischen Urknall und Urknall ist die sich durch vielfältige Wechselwirkungen selbst organisierende Gleichzeitigkeit der individuellen Entwicklungs- und Zeitabläufe unzähliger Massen. Die individuelle Existenz einer Masse durch Rotation und der sich daraus ergebende individuelle Zeitablauf jeder Masse dokumentieren die Relativität von Raum und Zeit. Die Definition des Ablaufs der Zeit im Weltbild der ungleichen Verteilung als individueller masseeigener Zeitablauf trifft sich mit der Darstellung der Relativität von Zeit und Raum in der Speziellen Relativitätstheorie. Die in der universalen Entwicklung abgelaufene Zeit beschreibt die bis zu jeder Gegenwart der Entwicklung im existenten Universum angesammelte Information. Der Ablauf der Zeit und damit die Ansammlung universaler Information beginnen und enden im Urknall jedes sich entwickelnden endlichen Universums.

Der Raum

Im Weltbild der ungleichen Verteilung ist der Raum eine Funktion der Zeit und damit gleichermaßen relativ. Der universale Raum ist eine Funktion der universalen Entwicklung und damit eine Funktion des universalen Ablaufs der Zeit. Wenn jede Masse ihren individuellen Zeitablauf hat, hat jede Masse auch ihren individuellen Raum. So wie der universale Zeitablauf die sich selbst organisierende Gleichzeitigkeit der Zeitabläufe aller universalen Massen ist, ist der universale Raum die zu jedem Punkt des universalen Zeitablaufs gegebene Kumulation des individuellen Raums aller universalen Massen. Der Raum beschreibt die zu jedem Zeitpunkt der universalen Entwicklung gegebene Situation der rotativen und gravitativen Wechselwirkung der universalen Massen zueinander und damit die Bedingungen, unter denen sich das Universum im nächsten Entwicklungsschritt expansiv und konzentrativ entwickelt. Im Weltbild der ungleichen Verteilung ist der universale Raum zu jedem Zeitpunkt das Maximum der durch die universale Rotation bedingten Fähigkeit von Massen, gravitativ miteinander zu wechselwirken. Die durch den universalen Zeitablauf angesammelte Information bedarf des Raums zu ihrer Beschreibung. Die sich ansammelnde individuelle Information jeder Masse kumuliert zur Totalität der universalen Information und wird durch den universalen Raum beschrieben.

Freisetzung von Strukturenergie

Die universale Entwicklung hat zum Ziel, die totale Konzentration aller universalen Energie vor dem finalen Urknall zu erreichen. Dazu muss die universale Entwicklung die Exkraftenergie, die sich in den Materiesystemen entwicklungsbedingt als Rotationsenergie und damit als Strukturenergie der Systeme bindet, total wieder als Strahlungsenergie freisetzen. Die als Strahlung freigesetzte Strukturenergie wird in der universalen Entwicklung zur Rotationsenergie des in der finalen totalen Konzentration maximal schnell rotierenden Universums.

In der Logik des Weltbilds der ungleichen Verteilung entsteht in der Selbstorganisation der universalen Entwicklung die Selbstorganisation von Leben, um damit Strukturenergie universaler Materiesysteme freizusetzen, die mit der primären Selbstorganisation nicht freisetzbar wäre. Im Stern wird universale Strukturenergie durch Kernspaltung oder Kernfusion unter den Bedingungen des Sternbrennens freigesetzt. Diese Bedingungen sind z. B. auf Planeten, die Sterne umkreisen, nicht mehr gegeben. Die universale Selbstorganisation findet auch dort, wo die »heiße« Freisetzung von Strukturenergie nicht mehr möglich ist, Wege, um Strukturenergie auch »kalt« freizusetzen. Ein solcher Weg ist die Entwicklung biologischen Lebens, dessen sekundäre, höhere Selbstorganisation die Freisetzung von Strukturenergie z. B. durch Wärmestrahlung auch auf »kaltem« Weg noch bewirken kann. In der Logik des Weltbilds der ungleichen Verteilung muss solche Freisetzung sich nicht zwingend mit der irdischen Form biologischen Lebens realisieren. Andere Strukturen biologischen Lebens erscheinen ebenso möglich wie auch höhere Formen der Selbstorganisation der Selbstorganisation, die über die Möglichkeiten biologischen Lebens hinausgehen. Es wäre heute schon denkbar, dass die Intelligenz menschlichen Lebens eines Tages sich selbst weiterentwickelnde Roboter konstruieren könnte, die gezielt nach jeder Möglichkeit suchen, weitere Strukturenergie freizusetzen.

Die Entwicklung von Leben

Im Weltbild der ungleichen Verteilung bewirken die Selbstorganisation und die Selbstoptimierung der universalen Entwicklung die Entstehung von Leben. Die Selbstorganisation der Entwicklung von Leben vom ersten Einzeller bis zum Menschen ist die entwicklungshierarchisch höhere, sekundäre Stufe der Selbstorganisation von Entwicklung und damit

Beispiel und Modell für die primäre universale Entwicklung. Das auch in der Entwicklung des Lebens gültige Prinzip der Selbstorganisation bewirkt die Entwicklung von Intelligenz. Ohne die Entstehung von Leben und Intelligenz bleibt die universale Entwicklung, bezogen auf den jeweiligen Status des aktuell erreichten Entwicklungsschritts, über alles reaktiv. Mit der Existenz von Leben und kreativer Intelligenz vermag die universale Entwicklung partiell die Stufe vorausschauend planender Selbstoptimierung zu erreichen. Die Entwicklung kreativer Intelligenz schafft die Möglichkeit, Entwicklung planend zu gestalten. Dies kann auch für die universale Entwicklung gelten. Die Logik des Weltbilds der ungleichen Verteilung vermag nicht zu erkennen, ob menschliche Intelligenz je in der Lage sein wird, zu geplanter universaler Entwicklung beizutragen. Aber nach Jahrmillionen erstaunlicher Entwicklung menschlichen Lebens erscheinen auch Jahrmillionen der weiteren erstaunlichen Entwicklung von lebensbezogener biologischer und nicht biologischer Intelligenz möglich.

Die Menschformel der Intelligenz

Die Entwicklung des Lebens insgesamt basiert auf der Existenz, der Entwicklung und der Proliferation individuellen Lebens und damit auf der Ansammlung lebensbezogener Information. Die Entwicklung von Intelligenz basiert auf der Ansammlung von Information zur Selbstorganisation und Selbstoptimierung der Entwicklung des Lebens. Intelligenz wird damit zu einer eigenen, die Entwicklung des Lebens gestaltenden Größe, die die Existenz und die Entwicklung individuellen Lebens überlagert und bestimmt. Ziel der Existenz von Leben ist die Existenz und Entwicklung weiteren Lebens und damit das Über-Leben gegenüber jedweder Existenz und jedweder Entwicklung jeder Umwelt und jeden anderen Lebens. Die Entwicklung von Intelligenz kontrolliert die Aktivitäten des individuellen Über-Lebens und schafft damit auch die höhere Dimension sozialen Über-Lebens. In der Entwicklung des irdischen Lebens erscheint nach zwei Milliarden Jahren der Entwicklung von Leben durch das Prinzip des individuellen Über-Lebens der Zeitpunkt gekommen, an dem kreative Intelligenz die asoziale Gewalt kurzsichtigen individuellen Über-Lebens durch die jeder Atombombe überlegene konstruktive Kraft kreativ sozialer Lebensoptimierung überwinden kann. Wenn aktuelle und zukünftige Intelligenz in der Lage ist, Intelligenzentwicklung gezielt zu fördern und lebens- und damit intelligenzschädigendes Handeln auszuschließen, wird die das Weltbild dieser Philosophie bestimmende Grundformel der ungleichen Verteilung durch die konsequente Optimierung von Leben und Intelligenz auch zur Menschformel der Intelligenz.

»Quantengravitation«

Das Weltbild der sich endlos wiederholenden Endlichkeit universaler ungleicher Verteilung beschreibt ein in vielen Details überraschend anderes und überraschend einfaches Weltbild unserer Realität. Das Modell ewig endloser Kräfte- und Energiefluktuation der ungleichen Verteilung mündet widerspruchsfrei in der durch das Phänomen der Selbstverstärkung der Ungleichheit zur Rotation bestimmten endlichen Realität universaler Exkraft und Gravitation. Fluktuierende Energiequanten gewinnen rotierend Endlichkeit, Masse und Gravitation. Wenn sich daraus die gigantische Hierarchie endlich universaler Massen vom Urbaustein bis zum Universum als Ganzem entwickelt, dann ist dies in der Logik des Weltbilds die überaus einfach verstandene »Quantengravitation« des Weltbilds der ungleichen Verteilung von Nichts.

Resümee

Die Logik der Hypothese und damit des Weltbilds der ungleichen Verteilung fußt auf bekannten Naturgesetzen, erkennt zusätzlich neue und befindet sich in vielem außerhalb der Standardmodelle der aktuellen Naturwissenschaft. Wenn die einfache Formel der Selbstverstärkung der ungleichen Verteilung zur Rotation richtig ist, dann ergibt sich aus ihr das in sich geschlossene Weltbild in durchgehend plausibler Konsequenz. Dann wird das naturphilosophische Weltbild der ungleichen Verteilung von Nichts zur umfassenden Grundformel von Masse, Zeitablauf und Endlichkeit in der unermesslichen Vielfalt unserer aktuellen universalen Existenz.

Aphorismen und Statements zur ungleichen Verteilung von Nichts

Die Feststellungen und Erkenntnisse des Weltbilds der ungleichen Verteilung erstrecken sich auf naturphilosophische Betrachtung ebenso wie auf sehr unterschiedliche Fachbereiche der Physik und der Kosmologie. Eine systematisch umfassende Beschreibung des Weltbilds würde sehr viel Raum beanspruchen und würde damit der notwendigen Übersichtlichkeit entbehren. Um alle wichtigen Feststellungen in kurzer, komprimierter Form vorstellen zu können, wird deshalb ein ungewöhnlicher Weg gewählt. In der nachfolgenden Darstellung wichtiger Details des Weltbilds der ungleichen Verteilung von Nichts wird das aus naturphilosophischer Betrachtung neu zu verstehende Universum in kurzen, aphoristischen Feststellungen und entsprechenden nachfolgenden Statements beschrieben. Die Sammlung der Aphorismen und Statements beschreibt in konkreter Darstellung die hier vorgestellte Hypothese als Ganzes. Unvermeidbare, mehrfache Wiederholungen einzelner Feststellungen in den eigenständigen Statements dienen der Eindeutigkeit der Darstellung einer in vielem ungewohnten Materie.

Aphorismen

Das Weltbild der Philosophie der ungleichen Verteilung erklärt die Existenz von Etwas und Sein als die ewige Fluktuation der ungleichen Verteilung, die durch die Selbstverstärkung der Ungleichheit zur zyklisch endlichen Existenz von Raum und Zeit wird. (s. S. ??)

Die Selbstverstärkung der Ungleichheit der ungleichen Verteilung bewirkt die Entstehung und die Existenz endlicher Stabilität durch Rotation. (s. S. ??)

Die Philosophie der ungleichen Verteilung beschreibt die gleiche Verteilung im Gegensatz zur ungleichen Verteilung von Nichts mit dem Bild einer total unbewegten Wasserfläche, die in der Bewegung zu Welle, Tropfen und Gischt wird. (s. S. ??)

Das Prinzip der zyklischen universalen Existenz in der ewig endlos ungleichen Verteilung ist die Grundformel der sich endlos wiederholenden Realität der Endlichkeit. (s. S. ??)

Im Weltbild der ungleichen Verteilung verläuft die zyklisch endliche universale Entwicklung vom Chaos minimaler Information und maximaler Entropie zur Ordnung maximaler Information und minimaler Entropie. (s. S. ??)

Die Philosophie der ungleichen Verteilung ist die Philosophie der Realität unseres einzigartigen endlichen Universums. (s. S. ??)

Die zielgerichtete universale Entwicklung strukturiert sich unter der Grundformel der ungleichen Verteilung durch Selbstorganisation und Selbstoptimierung zu den Naturgesetzen des Universums. (s. S. ??)

Die Grundkräfte im endlichen Universum der ungleichen Verteilung sind die Exkraft als Kraft der Expansion und Rotation sowie ihre Gegenkraft, die Gravitation, als Kraft der Konzentration. (s. S. ??)

Die rotationsbedingte massenahe Rotationsgravitation realisiert sich im Mikrokosmos als die starke Kernkraft und tritt im Makrokosmos vor allem als die Zentripetalgravitation in Erscheinung, die die Rotationsstabilität der Massen bewirkt. (s. S. ??)

Die Spannung zum Ausgleich der ungleichen Verteilung ist die Energie der ewig endlosen Fluktuation ewiger Entwicklung, die im sich zyklisch wiederholenden Universum zur Energie endlich stabiler, universaler Existenz wird. (s. S. ??)

Im Weltbild der ungleichen Verteilung bedeutet die Endlichkeit der universalen Entwicklung die Endlichkeit der die Entwicklung bestimmenden Energie in jedem denkbaren Modell universaler Existenz. (s. S. ??)

Die Energie des endlichen Universums wandelt sich von Urknall zu Urknall von der Feldenergie des initialen Expansionsdruckfelds elektromagnetischer Strahlung zur Rotationsenergie der finalen universalen Massen. (s. S. ??)

Energiequanten ultraenergetischer elektromagnetischer Strahlung gewinnen im frühesten Universum endliche Masse durch Rotation und bleiben als Urbausteine der Materie bis zum finalen Urknall als Masse existent. (s. S. ??)

Energie ist die zeitfreie Spannung zum Ausgleich von Etwas und Nichts und im endlichen Universum die Spannung zum Ausgleich von Expansion und Konzentration durch universale Entwicklung zwischen Urknall und Urknall. (s. S. ??)

In der Endlichkeit der universalen Entwicklung wird die Energie der Expansion zur Zentrifugalenergie und die Energie der Konzentration zur Zentripetalenergie rotationsstabiler Massen. (s. S. ??)

Im Weltbild der ungleichen Verteilung setzt jeder Vorgang der Konzentration Expansionsenergie als Bindungsenergie und jeder Vorgang der Expansion Konzentrationsenergie als Auflösungsenergie frei. (s. S. ??)

Die Energiebilanz des endlichen Universums der ungleichen Verteilung ist in der ganzen universalen Entwicklung zwischen Urknall und Urknall ausgeglichen. (s. S. ??)

In der universalen Entwicklung des Weltbilds der ungleichen Verteilung entsteht die Masse aller stabilen und damit wechselwirkungsfähigen Materiesysteme vom kleinsten Baustein bis zum Universum als Ganzem durch Rotation. (s. S. ??)

Eine überaus wichtige Feststellung im Weltbild der ungleichen Verteilung ist die Tatsache, dass Masse durch Rotation entsteht und dass dieser Grundsatz auch für die kleinsten Urbausteine und Elementarteilchen der universalen Materie gilt. (s. S. ??)

Die ewig fluktuierenden Kraftfelder der ungleichen Verteilung werden in der Endlichkeit des Universums zum Expansionsdruckfeld elektromagnetischer Strahlung und zum Schwerkraftfeld der sich selbst verstärkenden Expansion und Konzentration. (s. S. ??)

Im Weltbild der ungleichen Verteilung stellt sich die Rotationsenergie des endlichen Universums als die Strukturenergie der universalen Materiesysteme einschließlich des Materiesystems des Universums als Ganzes dar. (s. S. ??)

Im Universum der ungleichen Verteilung wird die ewig fluktuierende Spannung zum Ausgleich der Ungleichheit durch Selbstverstärkung zur universalen Entwicklung von Expansion und Konzentration zwischen Urknall und Urknall. (s. S. ??)

Die endliche Energie des Universums der ungleichen Verteilung entwickelt sich zwischen Urknall und Urknall von der Erscheinungsform totaler Strahlungsenergie zur maximal möglichen Rotationsenergie universaler Massen. (s. S. ??)

Die expansive und die konzentrative Entwicklung des Universums werden durch die Entwicklung des universalen Strahlungsdruckfelds und durch die sich in den Massen ansammelnde Gravitationsenergie bestimmt. (s. S. ??)

Im hierarchischen Aufbau der universalen Materiesysteme bedeutet die Erreichung der Rotationsstabilität eines Systems auch die Erreichung der Stabilität gegenüber den universalen Kräften des Strahlungsdruckfelds und des Kraftfelds der Gravitation. (s. S. ??)

In der frühesten universalen Entwicklung entstehen aus der abnehmend energiereichen elektromagnetischen Strahlung die Urbausteine und nachfolgend die komplexeren Elementarteilchen der universalen Materie. (s. S. ??)

Das schwarze Loch der aktuellen Kosmologie ist im Weltbild der ungleichen Verteilung eine rotationsstabile, maximal konzentrierte, extrem schnell rotierende schwarze Masse schwarzer Materie. (s. S. ??)

In der endlichen universalen Entwicklung muss sich alle Materie zu schwarzen Massen und am Ende das Universum zur universalen Zusammenballung universaler schwarzer Massen konzentrieren. (s. S. ??)

In der Logik des Weltbilds der ungleichen Verteilung ist der Urknall die Freisetzung der gesamten endlich universalen Energie des finalen Universums der universalen schwarzen Massen in zwei unmittelbar verbundenen Vorgängen der Energiefreisetzung. (s. S. ??)

Die Gleichförmigkeit des Universums erklärt sich im Weltbild der ungleichen Verteilung durch die maximal hohe Rotation des Universums vor und nach dem Urknall. (s. S. ??)

Die asymptotische Freiheit der Quarks erklärt sich im Weltbild der ungleichen Verteilung durch die rotationsabhängige massenahe Rotationsgravitation einander umkreisender gleich oder ähnlich großer Massen. (s. S. ??)

Die Rotation der Massen bewirkt deren elektrische Ladung, die ihr Vorzeichen als positiv oder negativ durch die Drehrichtung der Rotation in Bezug zur Drehrichtung und damit zur Ladung des ganzen Universums erhält. (s. S. ??)

Im Weltbild der ungleichen Verteilung erklärt sich die Herkunft der universalen Materie daraus, dass bei der Annihilation frühester Materie alle Urbausteine erhalten bleiben, deren Ladung miteinander oder mit der Ladung des frühesten Universums gleichgerichtet ist. (s. S. ??)

In der Logik des Weltbilds der ungleichen Verteilung ist das kleinste stabile komplexe Materiesystem das aus zwei in gleicher Drehrichtung rotierenden gleich großen Subsystemen gebildete Elektron. (s. S. ??)

Jedes im Universum emittierte Photon verstärkt das sich um alle Massen krümmende Strahlungsdruckfeld des universalen Raums und damit gleichzeitig das sich um alle Massen krümmende Anziehungskraftfeld der universalen Gravitation. (s. S. ??)

In der Kräftefluktuation der ungleichen Verteilung ist das Photon ein Quant kinetischer Energie der Expansion und das Graviton ein Quant potentieller Energie der Konzentration. (s. S. ??)

Der Urknall vollzieht sich, wenn die Gravitationsenergie des sich konzentrierenden Universums der schwarzen Massen so groß wird, dass der exponentiell steigende Energiebedarf der Rotation nicht mehr gedeckt ist. (s. S. ??)

Mit der Entwicklung des Drehimpulses der universalen Rotation erklärt sich die Entwicklung der universalen Expansion ohne die Annahme der Existenz dunkler Energie. (s. S. ??)

Eine Hypothese der Philosophie: Die Endlichkeit des Universums erklärt sich durch dessen sich wiederholende Existenz als eines von unzählig vielen im Multiversum der ungleichen Verteilung existenten Universen. (s. S. ??)

Die Selbstverstärkung der Ungleichheit bewirkt die Entstehung universaler Materiesysteme in der Selbstorganisation der universalen Entwicklung auf der Grundlage der Wahrscheinlichkeit von Entwicklungsabläufen. (s. S. ??)

Schlüssige Logik verbindet die ewig endlose Kräftefluktuation der ungleichen Verteilung durch das Phänomen der Selbstverstärkung mit der Gravitationsphysik des Weltbilds zur »Quantengravitation« des Weltbilds der ungleichen Verteilung. (s. S. ??)

Zeit und Raum beschreiben in der endlichen Entwicklung des Universums den Entwicklungsablauf der universalen Stabilität der Massen von Urknall zu Urknall. (s. S. ??)

Der Zeitablauf eines Universums ist die sich durch vielfältige Wechselwirkungen selbst organisierende Gleichzeitigkeit der individuellen Entwicklungs- und Zeitabläufe unzähliger Massen. (s. S. ??)

Die Entwicklung von Leben ist das Ergebnis der Selbstorganisation der Selbstorganisation der universalen Entwicklung mit dem Ziel der bestmöglichen Freisetzung der Strukturenergie von Materiesystemen. (s. S. ??)

Die Entwicklung von Intelligenz ist das Ergebnis der Selbstoptimierung der Entwicklung von Leben mit dem Ziel der bestmöglichen Erreichung der maximal möglichen Potenz der Entwicklung. (s. S. ??)

Die Brutalität des Besser-Überlebens in der Selbstorganisation der Entwicklung von Leben muss durch die gezielte Maximierung der Potenz lebensoptimierender Intelligenz überwunden werden. (s. S. ??)

Die Grundformel der ungleichen Verteilung bedarf in der Realität irdischen Lebens zwingend einer Menschformel der Intelligenz, um die Zukunft intelligenten Lebens nachhaltig zu sichern. (s. S. ??)

Statements

Das Weltbild der Philosophie der ungleichen Verteilung erklärt die Existenz von Etwas und Sein als die ewige Fluktuation der ungleichen Verteilung, die durch die Selbstverstärkung der Ungleichheit zur zyklisch endlichen Existenz von Raum und Zeit wird.

Wenn im Nichts die Existenz von Etwas entstehen sollte, würde das der Kraft und Energie bedürfen. Wenn im Nichts Sein entstehen sollte, würde das der permanenten Existenz von Etwas bedürfen. Weil aber im Nichts keine Kraft und keine Energie ist, kann im Nichts kein Etwas und kein Sein sein. Wenn aber das Nichts sich ungleich verteilt, entsteht als Weniger-Nichts und Mehr-Nichts die Existenz von Etwas und Nicht-Etwas. Als permanente Existenz von Etwas und Nicht-Etwas entsteht das Sein. Wenn Etwas und Nicht-Etwas ewig endlos existieren, fluktuieren sie ohne Raum und Zeit. Raum und Zeit bedürfen der Endlichkeit. In der ewig endlosen ungleichen Verteilung existieren Etwas und Nicht-Etwas ohne Raum und Zeit als ewig endlose Fluktuation der Kräfte und Energien der ungleichen Verteilung von Nichts.

In der Kräfte- und Energiefluktuation der ungleichen Verteilung von Nichts kann Etwas nur durch die Kraft der Konzentration existieren. Die Existenz von konzentriertem Etwas ist aber nur möglich, wenn dort, wo kein Etwas ist, gleichzeitig zu der Konzentrationskraft, die das Etwas bewirkt, ein durch Exkraft bewirkter Expansionsdruck entsteht. Im Expansionsdruck des Nicht-Etwas wird Etwas zu Etwas expandiert. Die Existenz ewig endloser Fluktuation des Etwas und Nicht-Etwas der ungleichen Verteilung bedeutet die Existenz ewig endlos fluktuierender Spannung zum Ausgleich der Ungleichheit. Die ewig endlos fluktuierende Spannung zum Ausgleich der Ungleichheit bedarf der Existenz von Kraft, den Ausgleich zu bewirken, und der Existenz von Energie, den – nie erreichten – Ausgleich zu vollziehen.

Die sich ewig vollziehende Fluktuation von Konzentration und Expansion ist das Sein des Weltbilds der ungleichen Verteilung. Wenn durch Selbstverstärkung der Ungleichheit der Verteilung in der ewig endlosen Kräfte- und Energiefluktuation sich zyklisch wiederholende Endlichkeit entsteht, wird das ewig endlos fluktuierende Sein zur zyklisch endlichen Realität von Sein und damit zum sich zyklisch wiederholenden Ablauf von Zeit. Wenn durch Selbstverstärkung zyklischer Zeitablauf entsteht, wird aus fluktuierender Konzentration und Expansion die zyklisch endliche Existenz von Raum.

Die Selbstverstärkung der Ungleichheit der ungleichen Verteilung bewirkt die Entstehung und Existenz endlicher Stabilität durch Rotation.

Das Prinzip der ungleichen Verteilung ist auch für die ungleiche Verteilung selbst gültig. Das bedeutet, dass die Ungleichheit sich selbst verstärkt. Wenn es eine Situation ungleicher Verteilung von Nichts mit der Existenz von Quanten von Etwas gibt, die durch Nicht-Etwas gegeneinander expandiert sind, dann muss auch die ungleiche Verteilung in dieser Situation immer ungleicher werden. Dann gibt es durch die Kraft der Konzentration das Bestreben zweier oder mehrerer Quanten von Etwas, sich zueinander zu konzentrieren. Da alle Quanten aber unter dem Expansionsdruck des Nicht-Etwas stehen, kann sich der Vorgang der Konzentration nur vollziehen und erhalten, wenn die sich bildenden Einheiten von mehreren Quanten gegenüber der Kraft der Expansion Stabilität gewinnen. Die einzige Möglichkeit, dass sich ungeordnet konzentrierende Einheiten von Etwas Stabilität gegenüber dem Expansionsdruck des Nicht-Etwas gewinnen, besteht darin, die endlich stabile Ordnung der Rotation zu erreichen. Die Selbstverstärkung der Ungleichheit der durch Konzentration und Expansion manifestierten ungleichen Verteilung erreicht ihr Maximum in der Stabilität der Rotation. In der Stabilität der Rotation kann die Ungleichheit von Konzentration und Expansion nicht mehr stärker werden.

Die Existenz der ungleichen Verteilung ist identisch mit der Existenz
der Energie, die Ungleichheit der ungleichen Verteilung auszugleichen.
Die Spannung zum Ausgleich der Ungleichheit ist die Energie der ungleichen Verteilung. Der permanente – aber nie erreichte – Ausgleich
vollzieht sich durch die Energien der Konzentration und der Expansion.
Die Energien der Konzentration und der Expansion müssen sich zur
ewigen Existenz der ungleichen Verteilung in ewigem Gleichgewicht
befinden. Wenn eine der beiden Energieformen größer wäre, wäre dies
das Ende der ungleichen Verteilung. In der Rotation ist das mögliche
Maximum der Selbstverstärkung der Ungleichheit im Gleichgewicht
der Energien erreicht. Solange die Stabilität der Rotation besteht, befinden sich die Energien von Expansion und Rotation in permanentem
Ausgleich.

Die zyklisch endliche universale Entwicklung folgt dem dargestellten
Prinzip der Selbstverstärkung der Ungleichheit von Urknall zu Urknall.
Im initialen Entwicklungsstatus realisiert sich der endliche Ablauf der
ungleichen Verteilung mit der Entstehung der maximal möglichen
Menge kleinstmöglicher Urbausteine der Materie, der Rotaquanten, die
gegeneinander, ungleich verteilt, expandiert sind. Die Bildung unzähliger
Urbausteine durch Rotation ist der erste Schritt der Selbstverstärkung
von Konzentration und Expansion. Im nächsten Entwicklungsschritt
wird die ungleiche Verteilung der Rotaquanten ungleicher, indem sie
sich, wiederum durch Rotation, zu komplexen Materiesystemen konzentrieren. Die Selbstverstärkung der ungleichen Verteilung von Konzentration und Expansion setzt sich in der universalen Entwicklung fort.
Komplexe Systeme konzentrieren sich zu komplexeren und komplexere
zu noch komplexeren Systemen. Die Massen der Systeme expandieren
sich entsprechend gegeneinander. Mit jedem Entwicklungsschritt verstärkt sich die Ungleichheit der Verteilung dadurch immer mehr, dass
immer größere Massen immer stärker gegeneinander expandiert sind.
Mit der sich immer weiter verstärkenden Selbstverstärkung der universalen ungleichen Verteilung entsteht – bis zum kosmischen Maximum

der Expansion in der universalen Entwicklung – ein immer stärker expandiertes Universum immer stärker konzentrierter Materiesysteme.

Die Grundformel der ungleichen Verteilung und das sich aus ihr ergebende universale Weltbild dieser Philosophie werden durch das Prinzip der Selbstverstärkung der Ungleichheit zur Rotation bestimmt. Das Prinzip der sich selbst zur stabilen Rotation verstärkenden Ungleichheit bewirkt, dass aus der ewig endlosen Kräftefluktuation der ungleichen Verteilung die endliche stabile Realität des Universums entsteht. Die Kräfte der Konzentration und der Expansion der ungleichen Verteilung vereinen sich in der endlich universalen Entwicklung durch Rotation zur endlichen Stabilität der universalen Massen. Die Energie der Expansion und Konzentration wird zur Rotationsenergie der gigantischen Hierarchie der universalen Massen vom Urbaustein bis zum Universum als Ganzem.

Die Philosophie der ungleichen Verteilung beschreibt die gleiche Verteilung im Gegensatz zur ungleichen Verteilung von Nichts mit dem Bild einer total unbewegten Wasserfläche, die in der Bewegung zu Welle, Gischt und Tropfen wird.

Das Nichts (und das Alles) gleicher Verteilung gleichen dem Bild einer total unbewegten Wasserfläche. Ein Windstoß oder ein Stein, der hineinfällt, verwandelt die totale Ruhe gleicher Verteilung in die Realität der Wellen und Tropfen der ungleichen Verteilung. Das bewegte Wasser der Gischt weiß im Selbstverständnis ungleicher Verteilung nichts von der totalen Ruhe des unbewegten Wasserspiegels. Wenn diese je erreicht würde, wäre jeder Tropfen bewegten Wassers wieder Nichts, und dieses Nichts würde gleichzeitig das Alles jeder möglichen Bewegung des vorher ungleich verteilten Wassers in sich einschließen. Der Wasserfall existiert in voller Realität, weil er ein Teil der ungleichen Verteilung ist. In der totalen Ruhe des unbewegten Wasserspiegels wird sein Alles gleichzeitig sein Nichts. Im endlos ewigen Nichts und Alles der gleichen Verteilung ist jede mögliche Realität jeden möglichen Universums der ungleichen Verteilung in jeder denkbar möglichen Form enthalten.

Das Prinzip der zyklischen universalen Existenz in der ewig endlos ungleichen Verteilung ist die Grundformel der sich endlos wiederholenden Realität der Endlichkeit.

Das Weltbild der ungleichen Verteilung und seine Philosophie beruhen auf einer trivialen Erkenntnis allen Seins, der Tatsache nämlich, dass im Mikro- wie im Makrokosmos alles ungleich verteilt ist. Im Weltbild der ungleichen Verteilung ist diese Erkenntnis mehr als ein interessantes Phänomen oder das Ergebnis zufälliger Entwicklung. Die Grundformel der ungleichen Verteilung ist Schöpfungsprinzip ohne Schöpfer und ewig endlos gültiges Grundgesetz für jede endliche Existenz und Realität. Im Weltbild der Philosophie der ungleichen Verteilung ist die ungleiche Verteilung von Nichts gleichzeitig die ungleiche Verteilung von Allem. Im Weltbild der Philosophie sind das Nichts und das Alles identisch.

Das Weltbild der ungleichen Verteilung beschreibt die ewig endlose Fluktuation der Ungleichheit, die in der Unendlichkeit der ungleichen Verteilung keine Stabilität und keinen Anfang und kein Ende kennt, als die Grundformel allen Seins. Im Weltbild der ungleichen Verteilung verstärkt sich die ewig fluktuierende ungleiche Verteilung durch Selbstverstärkung von Kraft und Gegenkraft zyklisch zur stehenden universalen Druckwelle von Konzentration und Expansion. In jeder Phase der Druckwelle entsteht zwischen dem Maximum der Kraft der Expansion und dem Maximum der Kraft der Konzentration die endliche Realität und Entwicklung eines ganzen Universums.

Das Universum der ungleichen Verteilung ist die sich ewig endlos wiederholende Realität der Endlichkeit. Jede Realität und Stabilität der ungleichen Verteilung muss zwingend endlich sein. Die Realität der Endlichkeit aber wiederholt sich unendlich. Im Weltbild der Philosophie der ungleichen Verteilung entstehen Endlichkeit, Stabilität, Zeit und Raum in der Endlosigkeit der ungleichen Verteilung durch die sich zyklisch zwischen Urknall und Urknall wiederholende Existenz des Universums, das jedes Mal in einzigartiger Realität endlich ist. Die Endlichkeit der universalen Entwicklung zwischen Urknall und Urknall ist die Endlichkeit der Zeit. In der Wiederholung des Universums gibt es keinen Ablauf von Zeit. Jeder Urknall ist Ende und Anfang der Zeit.

In der ewig fluktuierenden Unendlichkeit der ungleichen Verteilung des Nichts und des Alles gibt es keine konkreten Objekte, die ungleich verteilt sind. Die ewig endlose Entwicklung zum Ausgleich der Spannung der ungleichen Verteilung ist die ewig endlose Fluktuation der Ungleichheit und damit die ewig endlose Fluktuation von Konzentration und Expansion und die ewig endlose Fluktuation von Kraft und Gegenkraft. In der ewigen Unendlichkeit der ungleichen Verteilung gibt es keine Stabilität und keine Massen.

Die Endlichkeit des sich ewig wiederholenden endlichen Universums der ungleichen Verteilung ist die Endlichkeit der durch Rotation entstehenden Masse. Die universale Endlichkeit wird durch die Existenz von Massen bestimmt. Jede Masse vom Rotaquant als Urbaustein der Materie bis zum Universum als Ganzem ist endlich und ist damit individuell zu beschreiben. Die ewig unendliche Fluktuation der Ungleichheit wird in der Endlichkeit des Universums durch endliche Selbstverstärkung zur beschreibbaren Wechselwirkung der Stabilität von Massen. Endlich stabile Massen und die durch sie gebildete gigantische Vielfalt der Materiesysteme schaffen durch vielfältige Wechselwirkung die unermesslich reiche Realität des ganzen endlichen Universums der ungleichen Verteilung.

Im Weltbild der ungleichen Verteilung verläuft die zyklisch endliche universale Entwicklung vom Chaos minimaler Information und maximaler Entropie zur Ordnung maximaler Information und minimaler Entropie.

Die Entropie des Weltbilds der ungleichen Verteilung ist der Grad des Vorhandenseins von Information. Ein informationsloser Zustand hat maximale Entropie. Ein Zustand maximaler Information hat minimale Entropie. Im Ablauf der universalen Entwicklung des endlichen Universums der ungleichen Verteilung ist Information die Ansammlung aller Ereignisse, die sich in der universalen Entwicklung vollziehen. Die Gesamtheit aller Ereignisse, die sich in der universalen Entwicklung bis zu jedem beliebigen Zeitpunkt vollzogen haben, stellt zu diesem Zeitpunkt die Gesamtheit der Informationslast der bisherigen Entwicklung dar. Die bis zu jedem beliebigen Zeitpunkt angesammelte Information ist Grundlage und Ausgangspunkt für die universale Vielzahl der zu diesem Zeitpunkt anstehenden Ereignisse des nächsten universalen Entwicklungsschritts.

Jede Emission eines Photons, jede Wechselwirkung zwischen Massen und Materiesystemen im Mikro- wie im Makrokosmos, jedes realisierte Quant kinetischer und jedes angesammelte Quant potentieller Energie ist Teil der universalen Information. Im Ablauf der universalen Entwicklung kann keine Information verloren gehen, weil jeweils der Zustand des Universums in jedem Detail jederzeit die Gesamtheit der universalen Information beschreibt. Am Ende der universalen Entwicklung ist im maximal konzentrierten, maximal schnell rotierenden finalen Universum der ungleichen Verteilung vor dem Urknall die totale Information des aktuellen Universums konzentriert.

In der universalen Entwicklung wird die totale initiale Expansionskraft des Urknalls zur totalen Rotationskraft des finalen Universums vor dem Kollaps zum erneuten Urknall. Die Expansion ist die Vergrößerung der Entropie. Die Konzentration und damit die durch Konzentration erreichte Stabilität der Rotation ist die Verminderung der Entropie. Im Weltbild der Philosophie der ungleichen Verteilung ist es das Ziel der universalen Entwicklung, die totale Ordnung der gleichen Verteilung und damit null Entropie zu erreichen. Bevor dies erreicht wird, kollabiert das Universum zur erneuten universalen Entwicklung mit wieder dem gleichen Ziel. Um das Ziel zu erreichen, verwandelt sich die Instabilität der Expansion durch Selbstverstärkung der Ungleichheit in die Stabilität der Rotation. Die Entwicklung des Universums organisiert und optimiert sich selbst. Leitziel der Selbstorganisation und Selbstoptimierung ist die totale Umwandlung der Expansionsenergie des Urknalls in Rotations- und damit in Konzentrationsenergie universaler Massen.

Die totale Ordnung der unbewegten Wasserfläche umfasst jede Information über jeden möglichen Strudel und Spritzer im bewegten Wasser. Jedes Etwas der ungleichen Verteilung ist in totaler Ordnung im Alles und Nichts der gleichen Verteilung enthalten. Nach der Definition von Entropie als dem Grad der Unordnung hat die virtuelle gleiche Verteilung null Entropie. Die ewig endlose Kräfte- und Energiefluktuation der ungleichen Verteilung hat minimal mögliche Ordnung und enthält nur die Information der fluktuierenden Existenz von Kraft und Energie. Sie hat damit die maximal mögliche Entropie.

Im Gegensatz zum Weltbild der aktuellen Kosmologie entwickelt sich im Weltbild der ungleichen Verteilung das Universum aus dem Urknallzustand minimaler Information und maximaler universaler Entropie zum finalen Zustand maximaler Information und minimaler universaler Entropie vor dem erneuten Urknall. Expansion ist der Motor der Entropie. Sie hat ihr universales Maximum im Urknall. Konzentration ist die Beseitigung von Entropie. Sie erreicht ihr universales Maximum unmittelbar vor dem erneuten Urknall.

Wenn das Universum sich zyklisch vom Vorgang maximaler Expansion und Zustand maximaler Entropie zum Vorgang maximaler Konzentration und Zustand minimaler Entropie entwickelt, ist dies die Ansammlung von Information. Information vermindert Entropie. Jede Information, die in der universalen Entwicklung entsteht, vergrößert die universale Ordnung und verringert die universale Entropie. Jeder Schritt der sich selbst organisierenden und optimierenden universalen Entwicklung vergrößert die universale Information und verringert die universale Entropie. Im Ablauf der universalen Entwicklung wird die ganze universale Energie realisiert, um aus dem initialen Chaos nach dem Urknall die finale Ordnung vor dem erneuten Urknall zu erreichen.

Maximale Information ist minimale Entropie. Die ewig endlose Kräfte- und Energiefluktuation der ewig endlosen ungleichen Verteilung repräsentiert das mögliche Maximum von Entropie. Wenn aus der ewig endlosen ungleichen Verteilung durch Selbstverstärkung der Ungleichheit zyklische universale Endlichkeit entsteht, verläuft jeder Zyklus der Entwicklung vom Maximum der Entropie zum Maximum der Information. Das Ende der universalen Endlichkeit ist erreicht, wenn durch weitere Entwicklung keine zusätzliche Information mehr möglich ist. Die Energie, die notwendig ist, um die universale Entropie vom möglichen Maximum auf das mögliche Minimum zu verringern, ist die Gesamtheit der zyklisch endlichen universalen Energie. In der universalen Entwicklung zwischen Urknall und Urknall wird die Gesamtheit endlich universaler Energie aufgewandt, um aus dem Zustand maximaler Unordnung und damit maximaler Entropie den Zustand maximaler Ordnung und damit minimaler Entropie zu erreichen.

Die Tatsache der zyklischen endlichen Entwicklung der ungleichen Verteilung und die durch Kraft und Gegenkraft bestimmte Realität dieser Entwicklung lassen in der universalen Endlichkeit weder die Existenz totaler Ordnung mit null Entropie noch die Existenz des totalen Chaos mit totaler Entropie zu. Im Weltbild der Philosophie der ungleichen Verteilung erzeugt jede Ordnung bewirkende Kraft die Gegenkraft entsprechender potentieller Verringerung der Ordnung, und jede Vergrößerung der Entropie erzeugt die Gegenkraft entsprechender potentieller Verringerung der Entropie. Die Realität der Entwicklung unseres Universums kann nie die Null-Entropie totaler Ordnung und nie die totale Entropie des totalen Chaos erreichen. Die Realität aller zyklisch endlichen universalen Entwicklungen der ungleichen Verteilung ist der ewig endlose Wechsel von entstehendem Chaos aus Ordnung und entstehender Ordnung aus Chaos.

Der Urknall erzeugt das Maximum möglichen Chaos, in dem aber schon das Ordnungsprinzip herrscht, dass Kraft gleich Gegenkraft ist und dass der Vollzug von Expansion Konzentrationsenergie freisetzt. Der Urknall erzeugt nicht totale Entropie, aber das Maximum möglicher universaler Entropie. Die maximale Konzentration und Rotation der universalen schwarzen Massen vor dem Kollaps zum erneuten Urknall ist der Zustand maximal angesammelter universaler Information und damit maximal möglicher Ordnung und minimal möglicher Entropie universaler Existenz.

Die Philosophie der ungleichen Verteilung ist die Philosophie der Realität unseres einzigartigen endlichen Universums.

Es ist nicht Gegenstand dieser Philosophie, die Existenz anderer Universen in der endlosen Wiederholung des Universums der ungleichen Verteilung erfassen zu wollen. Das Weltbild der Philosophie befasst sich mit der Realität der ungleichen Verteilung nur in einem, in unserem Universum. Es ist dafür unerheblich, ob wir einzig oder eines von unzähligen gleichartigen oder anderen Universen sind. Mit der Grundformel der sich ewig durch Kraft und Gegenkraft entwickelnden ungleichen Verteilung hat unser konkretes Universum mit Anfang und Ende seiner Entwicklung zwischen Urknall und Urknall eine durchgehend individuelle Realität.

Gegenstand der Philosophie der ungleichen Verteilung ist ganz konkret die Beschreibung der endlichen Realität des Universums, in dem wir leben. Die Grundformel der Fluktuation ungleicher Verteilung schließt aus, dass ein Universum dem anderen – auch nicht in der Unendlichkeit der Wiederholung – gleichen kann. Wenn die Existenz unseres Universums sich als konkreter Vorgang individueller Selbstverstärkung der unendlichen Kräftefluktuation darstellt, muss unsere reale universale Entwicklung wie jede reale universale Entwicklung einzigartige Individualität besitzen.

Die zielgerichtete universale Entwicklung strukturiert sich unter der Grundformel der ungleichen Verteilung durch Selbstorganisation und Selbstoptimierung zu den Naturgesetzen des Universums.

Die Logik des Weltbilds der ungleichen Verteilung erkennt weder in der ewig endlosen Fluktuation der Ungleichheit noch in der Selbstverstärkung der Ungleichheit zu der sich ewig wiederholenden endlichen Entwicklung des Universums eine aktive Macht, die Fluktuation und Entwicklung steuern könnte. Sie erkennt ebenso keinen der Entwicklung zugrunde liegenden, entwicklungsübergreifenden großen Plan. Das Weltbild der ungleichen Verteilung sieht allein das vom Prinzip der ungleichen Verteilung beherrschte, ewige, nie erreichte Ziel der Erreichung des Ausgleichs der Spannung zwischen Ungleichheit und Gleichheit als die entscheidende »Macht« der Entwicklung. In jeder neu entstehenden endlichen universalen Entwicklung wird jeder Entwicklungsschritt allein durch das Ziel bestimmt, durch maximale Selbstverstärkung universaler Konzentration und Expansion den finalen Zustand der maximal konzentrierten und maximal rotierenden universalen schwarzen Massen zu erreichen.

Das Ziel der ewig endlosen Fluktuation der Ungleichheit ist der Ausgleich der Spannung zwischen Ungleichheit und Gleichheit. Das Ziel jeder endlichen universalen Entwicklung ist die Selbstverstärkung von Expansion und Konzentration bis zum möglichen Maximum universaler Stabilität. Die Entwicklung des Universums vollzieht sich durch die vom Entwicklungsziel bestimmte Selbstorganisation und Selbstoptimierung. Selbstorganisation und Selbstoptimierung bedeuten, dass sich permanent immer die Entwicklung vollzieht, die auf der Grundlage des bisher Entwickelten im jeweils nächsten Entwicklungsschritt der Erreichung des Entwicklungsziels mit den aktuell erreichbaren Ressourcen dient.

Der Vollzug universaler Entwicklung aus dem Zustand des maximalen Chaos der Urknallexpansion zur maximalen Ordnung der finalen universalen schwarzen Massen kann nicht vom Prinzip zufälliger Ereignisse bestimmt sein. Das Entwicklungsziel ist nur durch eine sich selbst organisierende und selbst ordnende Entwicklung erreichbar. In der Logik der Philosophie der ungleichen Verteilung setzt die endliche universale Entwicklung der Selbstverstärkung die Ressourcen des jeweils aktuell erreichten Zustands in einem dem jeweiligen universalen Entwicklungszustand entsprechenden, auf das Ziel der Entwicklung gerichteten, sich selbst organisierenden Vorgang der Evolution optimal ein.

Die Selbstorganisation der Entwicklung realisiert sich unter dem sich aus der Struktur der ungleichen Verteilung ergebenden Grundgesetz der reaktiven Entwicklung. Jeder aktuelle sich selbst organisierende und optimierende Entwicklungsschritt resultiert reaktiv zielgerichtet aus den durch die bisherige Entwicklung vollzogenen Entwicklungsschritten und basiert damit auf der in der bereits vollzogenen Entwicklung angesammelten Information. Die Existenz, die Eigenschaften und die Entwicklung des Universums von den kleinsten Materiebausteinen bis zu Galaxien und schwarzen Massen – und bis zur Entwicklung von Leben und Intelligenz – stellen zu jedem Zeitpunkt das unter der Zielsetzung der Entwicklung erreichbare Optimum dar. Jeder Schritt der Entwicklung ist in jedem Stadium das Ergebnis der sich zielgerichtet selbst optimal organisierenden Auswahl jeweils derjenigen Entwicklungslösung, durch die im nächsten Entwicklungsschritt mit den aktuell gegebenen Möglichkeiten das Entwicklungsziel am besten erreicht wird.

Die aktuell vorherrschende Theorie der Kosmologie besagt, dass die Naturgesetze, nach denen unser Universum existiert, mit seiner Entstehung gegeben sind. Die Gesamtheit aller bekannten und vielleicht noch unbekannten Naturgesetze ist nach diesem Modell die Grundlage der Existenz und der Entwicklung unseres Universums. Die Philosophie der ungleichen Verteilung kann diesem Modell nicht folgen. Im

Weltbild dieser Philosophie ist ein Naturgesetz nicht eine von Anfang an bestehende Grundlage, sondern die durch Selbstorganisation und Selbstoptimierung bewirkte Struktur der angesammelten Information, die sich aus der jeweils bisher unter dem universalen Entwicklungsziel vollzogenen Entwicklung ergibt.

Wenn ewig endlose Fluktuation durch Selbstverstärkung der Ungleichheit zur Stabilität universaler Endlichkeit wird, dann ist das ein sich selbst organisierendes Naturgesetz im Weltbild der ungleichen Verteilung. Wenn die Selbstverstärkung von Konzentration und Expansion zur Rotation und damit zur Existenz und Endlichkeit der Massen wird, ist das ein sich selbst organisierendes Naturgesetz des Weltbilds. Wenn die Gravitation sich als Gegenkraft zur Exkraft der Strahlung und Rotation beschreibt und damit jede rotierende Masse durch universale Gravitation und gleichzeitig durch systemeigene Rotationsgravitation mit anderen Massen wechselwirkt, ist das ein sich selbst organisierendes Naturgesetz des Weltbilds.

Der Ablauf der Zeit beschreibt als Naturgesetz die universale Entwicklung und die durch diese Entwicklung angesammelte Information zwischen Urknall und Urknall. Die Verringerung der Entropie durch die Ansammlung von Information im Ablauf der Zeit ergibt sich als Naturgesetz. Die Naturgesetze der ungleichen Verteilung beschreiben die Entstehung und den hierarchischen Aufbau der universalen Massen und Materiesysteme vom Urbaustein bis zum Universum als Ganzem durch Rotation. Auch die Entstehung von Leben und Intelligenz wird in der Selbstoptimierung der universalen Entwicklung durch die Selbstorganisation der Naturgesetze dieses Weltbilds bestimmt. Selbstorganisation und die Selbstoptimierung sind auf das endlich universale Entwicklungsziel gerichtet und schaffen vom ersten bis zum letzten Entwicklungsschritt in jedem Universum, das sich neu entwickelt, erneut die Naturgesetze jeder universalen Endlichkeit aus dem Grundprinzip der ungleichen Verteilung.

Die Grundkräfte im endlichen Universum der ungleichen Verteilung sind die Exkraft als Kraft der Expansion und Rotation sowie ihre Gegenkraft, die Gravitation, als Kraft der Konzentration.

Das Weltbild der ungleichen Verteilung wird durch die Wirkung zweier Grundkräfte bestimmt, die als Exkraft geführte Kraft der Expansion und die Gravitation als Kraft der Konzentration. Die Exkraft als Kraft der Expansion und damit im endlichen Universum als Kraft der Rotation ist im Universum allgegenwärtig, in der Physik bisher aber nicht als eigene universale Kraft formuliert. Sie bewirkt in der Kräftefluktuation der ungleichen Verteilung den zur Ungleichheit der Verteilung erforderlichen Vorgang der Expansion von Etwas. In der sich wiederholenden Endlichkeit der universalen Entwicklung ist die Exkraft die Kraft der Expansion von Massen. Als Kraft der Expansion ist sie unter der Grundformel der ungleichen Verteilung durch Selbstverstärkung der Ungleichheit die Kraft der Rotation und damit die Kraft der Existenz und der Stabilität der universalen Massen und Materiesysteme. Die Exkraft ist in der Entwicklung der ungleichen Verteilung die Gegenkraft zur Gravitation.

Die Exkraft ist in der endlich universalen Entwicklung als Kraft der Expansion die Kraft der Rotation. Jeder Vorgang der Expansion von Massen wird in der Logik des Weltbilds der ungleichen Verteilung durch die Selbstverstärkung der Ungleichheit zu einem Vorgang der Rotation. Unter der Wirkung von Kraft und Gegenkraft verstärkt sich die Ungleichheit der Verteilung so lange selbst, bis die Expansion die Stabilität der Rotation erreicht. Die Exkraft der Expansion wird in der durch Rotation bewirkten Entstehung der universalen Massen zur Zentrifugalkraft der Rotation. Die Expansionsenergie der Exkraft wird zur Rotationsenergie und damit zur Zentrifugalenergie eines universalen, hochkomplexen und durch Rotation stabilen Materiesystems.

Die zweite Grundkraft und Gegenkraft zur Kraft der Expansion und Rotation ist die Gravitation. Sie bewirkt in der ewigen Kräftefluktuation der ungleichen Verteilung den zur Ungleichheit der Verteilung erforderlichen Vorgang der Konzentration von Etwas. In der sich wiederholenden universalen Endlichkeit ist die Gravitation auch im Weltbild der ungleichen Verteilung die Schwerkraft und damit die Anziehungs- und die Konzentrationskraft der Massen. Sie erklärt sich aber in einer gegenüber dem Standardmodell der Physik veränderten Logik.

In der Allgemeinen Relativitätstheorie hat jede bewegte Energie ein Gravitationsfeld. Dies ist auch im Weltbild der ungleichen Verteilung so. In der Logik dieses Weltbilds stellt sich aber JEDES Gravitationsfeld als ein Kraftfeld der Gegenkraft zur Bewegung von Energie oder Masse dar. Im Weltbild der Philosophie der ungleichen Verteilung entsteht die Masse jedes stabilen Materiesystems vom Urbaustein bis zum Universum als Ganzem durch Rotation. Rotation ist Bewegung und wird durch die Exkraft bewirkt. Die Gegenkraft zur Exkraft der Rotation ist die Gravitation. Sowohl die unbegrenzt wirksame universale Gravitation als auch eine zusätzliche massenahe rotationsbezogene Rotationsgravitation realisieren sich als Gegenkraftfeld zur Rotation von Energie oder Masse.

Die Gravitation ist eine Kraft, durch die Massen miteinander wechselwirken. Das Weltbild der ungleichen Verteilung unterscheidet die unbegrenzt wirksame, von der Größe der Masse bestimmte universale Gravitation jeder Masse und deren zusätzliche, durch die Rotation erzeugte masseinterne und massenahe Rotationsgravitation. Der Begriff der Rotationsgravitation wird im Weltbild der ungleichen Verteilung zusätzlich zur Existenz der universalen Gravitation eingeführt. Die Gravitation jeder im Universum existierenden Masse ist eine individuelle Größe aus ihrer individuellen Struktur. Eine rotationsstabile Masse unterliegt der universalen Gravitation, durch die sie mit anderen Massen mit unendlicher Reichweite wechselwirkt. Gleichzeitig wird durch die Rotation der Ruhemasse des Systems die masseintern und im Nahbereich wirksame rotationsbezogene Rotationsgravitation erzeugt. Die Stärke der auf ein Materiesystem wirkenden universal wirksamen Gravitation ergibt sich aus der Größe der rotationsstabilen Masse und nimmt mit der Entfernung zur Masse ab. Die Stärke der Rotationsgravitation ergibt sich zusätzlich aus der rotierenden Ruhemasse und der Rotationsgeschwindigkeit des Systems. Sie wird durch die Rotationsbewegung der Masse erzeugt. Sie ist nicht universal, sondern massebezogen und nur im Nahbereich der rotierenden Masse wirksam.

Die universale Gravitation ist die Gegenkraft zur Exkraft elektromagnetischer Strahlung und die Gravitationsenergie ist die potentielle Gegenkraftenergie zur kinetischen Energie der Strahlung. Jedem Quant Expansionsenergie, jedem sich mit Lichtgeschwindigkeit bewegenden Photon, das als elektromagnetische Strahlung freigesetzt wird, steht zwingend ein Quant Konzentrationsenergie, ein Graviton, gegenüber, dessen potentielle Energie sich als Anziehungskraft der durch die Strahlungsenergie entstandenen und expandierten Massen ansammelt. Die sich ansammelnde potentielle Gravitationsenergie realisiert sich als die Lageenergie der durch die Strahlungsenergie expandierten Massen.

Das Graviton ist im Weltbild der ungleichen Verteilung ein Teilchen, das nur durch seine Wirkung nachgewiesen werden kann. Die Energie des Gravitons ist im Gegensatz zur kinetischen Energie des Photons potentielle Energie und damit eine nicht bewegbare Eigenschaft eines stabilen Materiesystems. Das Graviton kann nicht im Experiment als sich bewegendes Teilchen gezeigt werden. Seine Energie ergibt sich als massebezogene und masseabhängige gravitative Eigenschaft jeder entstehenden Masse im Mikro- wie im Makrokosmos.

Die rotationsbedingte massenahe Rotationsgravitation realisiert sich im Mikrokosmos als die starke Kernkraft und tritt im Makrokosmos vor allem als die Zentripetalgravitation in Erscheinung, die die Rotationsstabilität der Massen bewirkt.

Im Weltbild der ungleichen Verteilung ist die rotationsbedingte Rotationsgravitation eine ausschließlich masse- und rotationsbezogene, masseintern und massenah wirkende Größe. Sie hat keine universale Wirkung von unbegrenzter Reichweite. Sie ist in der rotierenden Masse die Zentripetalgravitation, die als Gegenkraft zu der die Rotation bewirkenden Exkraft die Stabilität der Rotation der Masse bewirkt. Die Rotationsgravitation einer rotationsstabilen Masse ist auf das Zentrum der rotierenden Masse gerichtet. Sie ist eine masseeigene Gravitation, die masseintern auf die innere Struktur der Masse wirkt – zusätzlich zu der sich aus der Masse ergebenden universalen Gravitation.

Die Stärke der ausschließlich rotationsbedingten Rotationsgravitation hängt von der rotierenden Ruhemasse und von der Stärke der Rotation ab. Sie wirkt sich bei den Materiesystemen des Mikro- und des Makrokosmos sehr unterschiedlich aus. Die Materiesysteme des Mikrokosmos haben extrem kleine Ruhemassen und eine extrem hohe, der Lichtgeschwindigkeit nahe Rotationsgeschwindigkeit. Die Wirkung der universalen Gravitation ist bei den Materiesystemen des Mikrokosmos unmessbar gering. Dagegen sind die rotationsbedingte Rotationsgravitation im direkten Nahbereich der Teilchen und die dadurch mögliche Wechselwirkung zwischen diesen extrem stark. Im Weltbild der ungleichen Verteilung ist die im Nahbereich extrem starke Rotationsgravitation von Elementarteilchen die Erklärung für die starke Wechselwirkung des Standardmodells, ohne dass dafür die Notwendigkeit der Existenz der Gluonen als Austauschteilchen besteht. Die massenahe Rotationsgravitation der Kernbausteine, der Protonen und Neutronen, ist so groß, dass diese gegen die elektromagnetische Abstoßung der gleich geladenen Protonen den stabilen Atomkern bilden.

In der Wechselwirkung der Materiesysteme des Makrokosmos tritt die rotationsbezogene Rotationsgravitation gegenüber der massebezogenen universalen Gravitation der Systeme stark in den Hintergrund. Die Materiesysteme des Makrokosmos haben extrem große Ruhemassen, die nur mit niedriger Rotationsgeschwindigkeit rotieren. Der rotationsbedingte Anteil der Rotationsenergie der Systeme ist im Verhältnis zum Anteil der rotierenden Ruhemasse so niedrig und so sehr nur im Nahbereich wirksam, dass die gravitative Wechselwirkung der Systeme absolut überwiegend durch die masseabhängige universale Gravitation erfolgt. Die Existenz der rotationsbedingten Rotationsgravitation der Sterne und Galaxien wirkt sich vor allem als Zentripetalgravitation innerhalb der Materiesysteme aus. Wegen der großen Abstände der großen Materiesysteme im Makrokosmos ist die massenahe Rotationsgravitation der Sterne und Galaxien für deren Wechselwirkungen – außer im direkten Nahbereich – nicht relevant.

Die aktuelle Physik erkennt bisher die systemeigene massenahe Rotationsgravitation nicht als eigenständige und gravitative Kraft neben der und zusätzlich zur universalen Gravitation. Die auf der Erde von der aktuellen Physik gemessene und berechnete Gravitation umfasst de facto beide gravitativen Kräfte, versteht sie aber ausschließlich als universale Gravitation. Die massenahe Rotationsgravitation der Erde ist aufgrund der langsamen Erdrotation so gering, dass sie als eigene Schwerkraft nicht unterscheidbar ist. Die Logik des Weltbilds der ungleichen Verteilung geht aber davon aus, dass die massenahe schwache Rotationsgravitation der Erde der Grund für die beim Vorbeiflug an der Erde gemessene zusätzliche Beschleunigung von Raumsonden, der sogenannten Fly-by-Anomalie, sein kann. Und obwohl es inzwischen eine andere Erklärung für das Phänomen der Pioneer-Anomalie gibt, geht das Weltbild der ungleichen Verteilung auch hier davon aus, dass diese Anomalie ein Effekt der schwachen massenahen Rotationsgravitation der Sonne sein kann.

Die in der Wechselwirkung der rotierenden Masse nur massenah wirkende Rotationsgravitation realisiert sich in der Existenz der Masse selbst als deren Zentripetalgravitation und bewirkt damit die Rotationsstabilität der Masse. Mit der Entstehung einer rotationsstabilen Masse erfolgt gleichzeitig die Realisierung von Exkraft als Zentrifugalkraft

der Masse und die Realisierung massenaher Rotationsgravitation als
Zentripetalkraft. Die Rotationsgravitation eines Materiesystems wird
durch die Rotation der Ruhemasse und damit durch deren Größe und
durch die Rotationsgeschwindigkeit der Masse bestimmt. Ihre Wirkung
betrifft die Existenz und die Stabilität der Masse und deren massenahe
Wechselwirkung mit anderen Massen. Als die auf das Rotationszentrum
gerichtete Zentripetalgravitation bewirkt sie die Stabilität und damit die
wechselwirkungsfähige Existenz der durch Rotation bestehenden Masse.
Gleichzeitig wirkt die Rotationsgravitation auch massenah nach außen
und beeinflusst damit die Wechselwirkung der Masse im Nahbereich.

Durch die großen Ruhemassen und die langsame Rotation der Materiesysteme des Makrokosmos wird die Rotationsgravitation und damit die
Zentripetalgravitation und damit die Stabilität der Systeme überwiegend durch die Größe der rotierenden Ruhemasse und nur in geringem
Umfang durch die Rotationsgeschwindigkeit bestimmt. Soweit im Makrokosmos die Ruhemasse eines Materiesystems aus sichtbarer Materie
besteht, lässt sich die Rotationsgravitation und damit die Zentripetalgravitation des Systems anhand der Ruhemasse und der Rotationsgeschwindigkeit eindeutig berechnen. Bei der Galaxie kann damit anhand
der sichtbaren Materie und der bekannten Rotationsgeschwindigkeit
bestimmt werden, ob sich die Stabilität der Galaxie durch die Ruhemasse
sichtbarer Materie und durch die aus der Rotation der sichtbaren Materie
und die daraus zu berechnende Zentripetalgravitation ergibt. Geht die
Rechnung nicht auf, muss die Galaxie außer sichtbarer Materie auch
dunkle Materie enthalten. Da die sichtbare Materie und die Rotationsgeschwindigkeit einer Galaxie feststellbar sind, lässt sich damit rechnerisch
bestimmen, wie groß der ggf. erforderliche Anteil an dunkler Materie
sein muss, um die Rotationsstabilität der Galaxie zu erreichen. – Im
Weltbild der ungleichen Verteilung muss die ggf. zur Rotationsstabilität
der Galaxie erforderliche dunkle Materie aus Zusammenballungen singulärer strahlungsfreier Urbausteine und damit in der Terminologie des
Weltbilds aus schwarzer Materie bestehen.

Die Spannung zum Ausgleich der ungleichen Verteilung ist die Energie der ewig endlosen Fluktuation ewiger Entwicklung, die im sich zyklisch wiederholenden Universum zur Energie endlich stabiler, universaler Existenz wird.

In der Existenz der ewig endlos ungleichen Verteilung vollzieht sich der Vorgang der Entwicklung. In der ewig endlosen Existenz der ungleichen Verteilung ist Entwicklung fluktuierende Entwicklung. Sie ist der ewig fluktuierende Vorgang des – nie erreichten – Ausgleichs der Ungleichheit der Verteilung und damit der ewig fluktuierende Wechsel von Expansion und Konzentration. In der sich ewig wiederholenden endlichen universalen Existenz wird der Vorgang des Ausgleichs der Ungleichheit zum zyklisch beginnenden und endenden Ablauf jeder neuen universalen Entwicklung zwischen Urknall und Urknall. Die endlich universale Entwicklung ist der endliche Wechsel zwischen totaler Expansion und totaler Konzentration.

Die Frage, ob die ungleiche Verteilung je aus einem Zustand der gleichen Verteilung hervorgegangen ist, ist innerhalb der Grenzen menschlicher Intelligenz nicht zu beantworten. Sie ist auch für das Verständnis des Weltbilds nicht von Bedeutung. Wichtig ist, dass die Vorstellung einer ungleichen Verteilung tatsächlich zwingend des Gegensatzes gleicher Verteilung bedarf, und sei diese virtuell. Die Feststellung von Ungleichheit enthält die Voraussetzung, dass Gleichheit existiert. Gleichzeitig besagt die Existenz der Un-Gleichheit, dass die Gleichheit der Normalzustand sein muss und dass zwischen beiden Zuständen die Spannung bestehen muss, aus dem Un-Zustand der ungleichen den Normalzustand der gleichen Verteilung herzustellen. Es existiert damit eine Spannung zwischen den Zuständen der ungleichen und der gleichen Verteilung, die nach Ausgleich verlangt. Um den ewig angestrebten Ausgleich bewirken zu können, bedarf es des ewig unendlichen Vorgangs fluktuierender Entwicklung und der ewig endlosen Existenz der Energie, Entwicklung zu vollziehen. Die Energie des Weltbilds der ungleichen Verteilung ist die

Spannung zum Ausgleich der Ungleichheit gleichermaßen in der ewigen Fluktuation der ungleichen Verteilung wie in der zyklischen Endlichkeit des Universums.

Die Kernaussage dieser Philosophie ist nicht die Tatsache der ungleichen Verteilung. Ein schlüssiges Weltbild ergibt sich erst, wenn wir in der trivialen Tatsache ungleicher Verteilung nicht einen statischen Zustand ungleicher Verteilung, sondern eine zielgerichtete, in abwechselnder Expansion und Konzentration fluktuierende Entwicklung erkennen. Das nie erreichte und deshalb ewige Ziel der ewig endlosen Fluktuation ist der Ausgleich zwischen Ungleichheit und Gleichheit. Der Vorgang der Entwicklung bedarf der Kraft, sie zu vollziehen. Auch im Weltbild der ungleichen Verteilung ist Kraft gleich Gegenkraft. Durch die Dualität von Kraft und Gegenkraft steht mit jedem Vorgang der Fluktuation der Kraft, Konzentration zu bewirken, die gleich große Gegenkraft gegenüber, Expansion zu bewirken, und jeder Vorgang der Expansion erzeugt die gleich große Gegenkraft, Konzentration zu bewirken. Das Prinzip der ungleichen Verteilung als Grundformel jeder Existenz verlangt, dass jedem Vollzug von Entwicklung, den Ausgleich zu vollziehen, zwingend der Vollzug der Gegenentwicklung folgt, die Spannung herzustellen, den Ausgleich in Gegenrichtung zu vollziehen. Die Grundlage des Weltbilds der ungleichen Verteilung ist die ewig endlose Existenz zielgerichtet wechselnder Entwicklung und damit die ewig endlose Kräfte- und Energiefluktuation der Ungleichheit.

Die Entwicklung der ungleichen Verteilung ist im Weltbild dieser Philosophie kein zeitlicher, von einem Anfang zu einem Ende fortlaufender Vorgang. Sie ist vielmehr die vom ewigen Ziel des Ausgleichs bestimmte, ewig endlos fluktuierend wechselnde Wirkung von Kraft und Gegenkraft und damit die sich ewig endlos realisierende Energie der ungleichen Verteilung. Die Entwicklung zwischen Ungleichheit und Gleichheit wird in der Endlosigkeit der ungleichen Verteilung zur zeitlosen Fluktuation der Ungleichheit. Die zeitlos zielgerichtete Fluktuation der Ungleichheit ist ewig endlose Eigenschaft der ungleichen Verteilung. Das fluktuierend wechselnde Ziel der ewig endlosen Entwicklung der ungleichen Verteilung bleibt ewig virtuell, weil es im Weltbild der Fluktuation der ungleichen Verteilung nie erreicht werden kann.

Die Selbstverstärkung der ewig endlosen ungleichen Verteilung zur endlichen Stabilität des Universums gibt dem Vorgang der Entwicklung die sich zyklisch wiederholende Dimension des Ablaufs von Zeit. Das Ziel der Entwicklung bleibt auch in der universalen Endlichkeit der Ausgleich der Spannung zwischen Expansion und Konzentration. Und die Existenz der Energie der universalen Entwicklung ist auch im endlichen Universum die Existenz der Spannung zum Ausgleich. Die Spannung zum Ausgleich begründet sich mit der Expansion des Urknalls. Die Entwicklung vollzieht sich bis zur finalen Konzentration vor dem erneuten Urknall. Auch der Urknall erreicht nicht das Ziel des Ausgleichs, sondern vollzieht den Entwicklungsschritt der Umwandlung der Spannung zum Ausgleich des Zustands totaler Konzentration zum Zustand totaler Expansion. Damit begründet er erneut die Spannung, den Ausgleich durch die Entwicklung von Konzentration zu bewirken.

Im Weltbild der ungleichen Verteilung bedeutet die Endlichkeit der universalen Entwicklung die Endlichkeit der die Entwicklung bestimmenden Energie in jedem denkbaren Modell universaler Existenz.

Im Weltbild der ungleichen Verteilung entwickelt sich die endlos fluktuierende ungleiche Verteilung durch Selbstverstärkung der Ungleichheit zur endlichen Realität eines sich zyklisch wiederholenden Universums. Die in der Entwicklung eintretende Erschöpfung der Selbstverstärkung begrenzt die universale Energie auf eine endliche Größe. Es gibt kein »außerhalb« universaler Energie des sich endlos wiederholenden, durch Zeit und Raum bestimmten Universums, weil es keinen Raum und keine Zeit außerhalb gibt. Es gibt im Weltbild der ungleichen Verteilung die endliche Energie des Universums und Nichts. Die ewig endlose ungleiche Verteilung von Nichts bleibt der virtuelle Hintergrund zeitlos fluktuierender Energie, aus dem sich die Existenz und die Energie der zyklischen Endlichkeit der Universen begründen.

Die universale Energie ist die Spannung zum Ausgleich von Konzentration und Expansion. Die Gesamtheit der Spannung zwischen der initialen universalen Expansion und der finalen universalen Konzentration ist die Gesamtheit der universalen Energie. Im Urknallkollaps wird die Energie des finalen maximal konzentrierten und maximal schnell rotierenden Universums schwarzer Massen in die Expansionsenergie des neu entstehenden Universums transformiert. Die Urknallenergie ist die Gesamtheit universaler Energie, die im finalen Universum existent war. Die Gesamtheit der freigesetzten Energie ist damit auch die Gesamtheit der Energie, die für die Entwicklung des neuen Universums bis zu dessen Ende zur Verfügung steht.

In der universalen Entwicklung wandelt sich durch die Entstehung und Konzentration stabiler Massen universale Expansionsenergie in die Rotations- und die Gravitationsenergie der universalen Massen. Dieser Vorgang vollzieht sich in der universalen Entwicklung so lange, bis am Ende die ganze universale Energie wieder im maximal schnell rotierenden finalen Universum der maximal konzentrierten schwarzen Massen konzentriert ist. In der finalen Konzentration der schwarzen Massen bricht das zur Existenz der Massen notwendige energetische Gleichgewicht zusammen. Das Universum kollabiert zum erneuten Urknall und setzt die universale Energie wieder als Expansionsenergie des neuen Universums frei. Im Weltbild der ungleichen Verteilung ist kein Vorgang ersichtlich, der die Energie des Universums der ungleichen Verteilung vermehren oder vermindern könnte.

Die Endlichkeit der universalen Energie wird durch die erreichbaren Maxima der Expansion und der Konzentration bestimmt. Wenn die

Maxima von Expansion und Konzentration, die sich im endlichen Universum als Maximum der Stabilität der universalen Masserotation realisieren, erreicht sind, endet die endliche universale Entwicklung im Urknall und die Entwicklung des neuen endlichen Universums beginnt. Das Maximum der universalen Selbstverstärkung ist erreicht, wenn die Gesamtheit der endlich universalen Energie in der maximalen Konzentration der maximal schnell rotierenden universalen schwarzen Massen vereint ist. Das Maximum der Selbstverstärkung der Expansion ist erreicht, wenn die Gesamtheit der Expansions- und damit der Rotationsenergie sich in einer so hohen Rotation des finalen Universums der konzentrierten universalen schwarzen Massen realisiert, dass für eine noch höhere Rotation eine nicht mehr zur Verfügung stehende Exkraftenergie erforderlich wäre. Das Maximum der Selbstverstärkung der Konzentration ist erreicht, wenn eine noch größere Konzentration der universalen schwarzen Massen nur durch eine – mangels Energie nicht mögliche – noch höhere Rotation des maximal schnell rotierenden finalen Universums möglich wäre.

Als Hypothesen der Philosophie des Weltbilds der ungleichen Verteilung sind für die Entstehung des endlichen Vorgangs der universalen Selbstverstärkung der Ungleichheit mehrere Denkmodelle diskutierbar, ohne dass im Rahmen der Philosophie eine davon schlüssig argumentiert werden könnte. In der ewig endlos existenten Fluktuation der Ungleichheit kann sich eine Blase der Selbstverstärkung bilden, aus der sich dann das sich ewig wiederholende endliche Universum ergibt. Außerhalb dieser universalen Blase bliebe die Unendlichkeit der ewig endlosen, raum- und zeitlosen Kräfte- und Energiefluktuation erhalten. Die ewig endlose Fluktuation kann sich auch zu einer ewig endlosen Zahl sich ewig endlos wiederholender endlich universaler, möglicherweise unterschiedlich großer Blasen der Selbstverstärkung strukturieren. Die Unendlichkeit der Kräfte- und Energiefluktuation bliebe dann zwischen den Blasen und als der theoretische Hintergrund der Existenz unendlicher Endlichkeiten erhalten. Als drittes Denkmodell kann sich die Unendlichkeit der Fluktuation zu einem ewig wachsenden Multiversum endlicher Selbstverstärkungen entwickelt haben, in dem unser Universum rotierender Baustein einer endlosen Hierarchie rotierender Endlichkeiten ist. Die Kräfte- und Energiefluktuation der Ungleichheit wäre dann auch hier als eine Art Hintergrundstrahlung im Multiversum erhalten. In jedem Fall bedeutet die Endlichkeit der Existenz eines – und ganz konkret unseres – Universums, dass dessen Energie eine endliche, die universale Entwicklung zwischen den Maxima und Minima der Kräfte der Konzentration und Expansion realisierende Größe ist.

Die Energie des endlichen Universums wandelt sich von Urknall zu Urknall von der Feldenergie des initialen Expansionsdruckfelds elektromagnetischer Strahlung zur Rotationsenergie der finalen universalen Massen.

Im Weltbild der Philosophie ist die endlich universale Energie in ihrer Gesamtheit durch den Urknall als Energie des Expansionsdruckfelds elektromagnetischer Strahlung existent. Sie bleibt bis zum erneuten Urknall in ihrer Gesamtheit existent, realisiert sich aber in der universalen Entwicklung in sich wandelnder entwicklungsbedingter Erscheinungsform. Die universale Energie entwickelt sich von der im Urknall freigesetzten Expansionsenergie des maximal dichten Strahlungsdruckfelds zur Rotationsenergie der sich immer stärker bis zum Maximum der Konzentration konzentrierenden universalen Massen.

Die Feldenergie des im Urknall entstehenden frühesten Universums übt auf die sich durch Rotation bildenden kleinsten Urbausteine maximal großen Expansionsdruck aus. Aus Urbausteinen entstehen komplexe Materiesysteme, die im Expansionsdruck des Strahlungsdruckfelds gleichfalls gegeneinander expandieren. In der universalen Entwicklung entstehen und konzentrieren sich immer komplexere Materiesysteme, die im sich ausdehnenden Universum so lange gegeneinander expandieren, bis der Expansionsdruck des Strahlungsdruckfelds nicht mehr zur weiteren Expansion der Massen ausreicht. In der universalen Entwicklung ist dann das kosmische Maximum der Expansion erreicht. In der weiteren universalen Entwicklung konzentrieren sich die Massen immer stärker und ziehen einander durch ihre Gravitation gegen den sich verringernden Expansionsdruck des Strahlungsdruckfelds immer stärker an. Je stärker sich dabei ein Materiesystem konzentriert, umso schneller wird seine Rotation.

Die Energie des endlichen Universums ist entweder Feldenergie des universalen elektromagnetischen Felds oder die Rotationsenergie und damit die Masseenergie der aus der Feldenergie entstandenen Massen. Die zyklisch endliche universale Entwicklung vollzieht sich, indem die endliche universale Energie sich vom initialen Maximum der universalen Feldenergie zum finalen Maximum der totalen Stabilität universaler Masseenergie entwickelt. Im finalen und gleichzeitig wieder initialen Urknall wird das Maximum rotationsstabiler Masseenergie des finalen Universums wieder ins Maximum instabil expansiver Feldenergie des initialen Universums transformiert. Die expansive und konzentrative Entwicklung des Universums wird im gesamten Ablauf der universalen Entwicklung vom Urknall zum Urknall durch den Ablauf der Umwandlung von Feldenergie in Masseenergie bestimmt.

Energiequanten ultraenergetischer elektromagnetischer Strahlung gewinnen im frühesten Universum endliche Masse durch Rotation und bleiben als Urbausteine der Materie bis zum finalen Urknall als Masse existent.

In der Logik des Weltbilds ist die ungleiche Verteilung quantisiert. Ungleichheit kann nur diskret ungleich sein. Ungleiche Verteilung ist Energie. Damit ist auch die Energie des endlichen universalen Expansionsdruckfelds elektromagnetischer Strahlung quantisiert. Wenn die Energiequanten der Strahlung mit Energie oder Masse wechselwirken, vollziehen sie die Wechselwirkung als endliche Masse, die im Augenblick der Wechselwirkung durch Rotation entsteht. Das zeitfreie Energiequant der Welle wird in der Wechselwirkung zum endlich stabilen Teilchen.

Im frühesten Universum ist der Strahlungsdruck so groß, dass Strahlung sich nicht expansiv als Strahlung realisieren kann. Die Photonen frühester ultraenergetischer Strahlung befinden sich in permanenter Wechselwirkung und damit permanent in der Situation, durch Rotation zu Massen zu werden. Zwei ultraenergetische Photonen, die in Wechselwirkung miteinander durch Rotation Masse gewinnen, können entweder gleiche oder gegensätzliche rotationsbedingte elektrische Ladung haben. Wenn sie in unterschiedlicher Drehrichtung rotieren und damit gegensätzliche Ladung haben, heben ihre Ladungen sich gegenseitig auf. Sie annihilieren und die Energie der Photonen wird erneut als Strahlung freigesetzt. Wenn sie in gleicher Drehrichtung rotieren und damit gleiche Ladung haben, stoßen sie einander ab. Wenn im frühesten, hoch elektrisch geladenen Universum die Ladung der Urbausteine auch mit der Ladung des Universums gleichgerichtet ist, erhalten sie ihre Existenz.

Die bei den frühen Vorgängen der Annihilation verbleibenden Urbausteine bleiben als Massen existent. Entweder wird die aus der Abstoßung resultierende Expansion zur Rotation eines jetzt komplexen Systems zweier oder mehr Massen oder die sich abstoßenden Urbausteine expandieren und bleiben als singuläre Massen existent. Die in der frühesten Phase der universalen Entwicklung entstehenden ultraenergetischen Massen sind, sofern sie nicht dauernd singuläre schwarze Materie bleiben, die Urbausteine aller komplexen Materiesysteme des Universums.

Die Urbausteine bleiben in der universalen Entwicklung in allen Veränderungs- und Konzentrationsvorgängen der Materiesysteme strahlungsfrei erhalten und werden im finalen Stadium der Systeme zu der in den schwarzen Massen maximal konzentrierten schwarzen Materie. Die Urbausteine, die als früheste Massen in singulärer Existenz verbleiben, sind die universale schwarze Materie, die in der universalen Entwicklung strahlungsfrei existent verbleibt und nur gravitativ miteinander oder mit sichtbarer Materie wechselwirkt.

Energie ist die zeitfreie Spannung zum Ausgleich von Etwas und Nichts und im endlichen Universum die Spannung zum Ausgleich von Expansion und Konzentration durch die universale Entwicklung zwischen Urknall und Urknall.

Im Weltbild der Philosophie der ungleichen Verteilung ist Energie die Spannung zum Ausgleich der Ungleichheit. Die Energie ist die Ungleichheit der ungleichen Verteilung. Die Existenz der ungleichen Verteilung bedeutet die Existenz von Energie und damit den Vollzug der Ungleichheit in ewig endloser Entwicklung. Die ewig endlos fluktuierende Entwicklung der ungleichen Verteilung ist der ewig endlose Wechsel von Konzentration und Expansion. Der Vollzug von Konzentration und Expansion bedarf der Kraft, ihn zu bewirken. Kraft bedarf der Energie, um Kraftwirkung zu vollziehen. Die ewig endlose Fluktuation von Konzentration und Expansion bedarf der ewig endlosen Existenz von Energie. Die Ungleichheit der Verteilung IST Energie, und Energie IST ungleiche Verteilung. Ohne die Ungleichheit der Verteilung gäbe es keine Energie. Die Existenz ungleicher Verteilung als Grundformel allen Seins begründet zwingend die Existenz von Energie als Grundvoraussetzung allen Seins, sei es als ewig endlose Fluktuation der Ungleichheit oder sei es als die sich ewig wiederholende Endlichkeit universaler Existenz.

Ungleiche Verteilung und Energie sind endlos ewig existent. In der Existenz des endlichen Universums wird die ewig endlos fluktuierende Entwicklung der ungleichen Verteilung zur sich ewig wiederholenden Realität endlich universaler Entwicklung. Die Spannung der Ungleichheit ist in der Ewigkeit der ungleichen Verteilung die Energie unendlicher, zeit- und raumfreier Kräftefluktuation, und Ungleichheit ist im endlichen Universum die Energie maximal möglicher Konzentration und Expansion in Zeit und Raum. In der universalen Endlichkeit wird die ewige Energiefluktuation der ungleichen Verteilung durch Selbstverstärkung der Ungleichheit zur endlichen Energie universaler Konzentration und Expansion. Die dadurch entstehende universale endliche

Realität der ungleichen Verteilung macht die Energie in jedem sich entwickelnden Universum zu der die universale Existenz und Entwicklung zwischen Urknall und Urknall umfassend bestimmenden Größe.

Energie bewirkt in der ewig endlosen Existenz der ungleichen Verteilung den ewig fluktuierenden Ausgleich der Spannung zwischen Konzentration und Expansion. Die fluktuierende Energie der Konzentration muss dabei zwingend gleich der fluktuierenden Energie der Expansion sein. Auch in der endlichen Selbstverstärkung der ungleichen Verteilung ist immer die Energie der Expansion gleich der Energie der Konzentration, ist kinetische Energie immer gleich potentieller Energie und ist dadurch in der durch Rotation entstehenden Stabilität der Massen Zentrifugal- gleich Zentripetalenergie. Die Energie der Konzentration und Expansion der ungleichen Verteilung würde sich, wenn es keine ungleiche Verteilung mehr gäbe, gegen sich selber zum Nichts aufheben.

Energie ist die Spannung, in der ungleichen Verteilung aus Etwas Nichts werden zu lassen. Sie ist die Spannung, aus Sein Nicht-Sein zu machen und die Existenz von Etwas aufzuheben. In der Fluktuation der ewig endlosen ungleichen Verteilung bleibt die Spannung zeitfrei ewig aufrechterhalten und kann nie ausgeglichen werden. In der zyklischen Endlichkeit des Universums ist Energie die Spannung, Entwicklung zu vollziehen. Sie ist die Spannung, aus dem Zustand maximal ungleicher Verteilung in der Expansion des Urknalls zum Zustand maximal gleicher Verteilung in der totalen Stabilität der totalen Konzentration der Massen bei der Erreichung des erneuten Urknalls zu gelangen. Die endlich universale Energie ist die Spannung, aus der maximalen Entropie maximaler Expansion die minimale Entropie maximaler Konzentration zu erreichen.

In der Endlichkeit der universalen Entwicklung wird die Energie der Expansion zur Zentrifugalenergie und die Energie der Konzentration zur Zentripetalenergie rotationsstabiler Massen.

Die Begriffe Expansion und Konzentration beschreiben die Entwicklung des endlichen Universums nicht zutreffend. Im endlichen Universum realisiert sich Expansionsenergie als Rotationenergie. Die Stabilität und die Endlichkeit der ungleichen Verteilung können nur durch Rotation entstehen. Die Exkraftenergie, die im Urknall und in der universalen Entwicklung vom Brennen der Sterne, von Supernovae und allen anderen Konzentrationsvorgängen kosmischer Objekte als Strahlung freigesetzt wird, bewirkt als universales Expansionsdruckfeld die Stabilität der Rotation aller universalen Massen, der Sterne, der Galaxien und Galaxienhaufen und des endlichen Universums als Ganzes.

Die Exkraftenergie der Rotation ist im endlichen Universum die Zentrifugalenergie rotierender Massen. Die Existenz stabiler Rotation und damit die Existenz stabiler Massen bedarf der Gegenkraft zur Exkraft der Rotation. Die Gegenkraft zur Exkraft der Zentrifugalenergie der Rotation ist die Schwerkraft der Zentripetalenergie der Konzentration der rotierenden Masse. Die Zentripetalenergie der Konzentration in der Existenz stabiler Massen ist die Energie der Gravitation, die sich aus der universalen Gravitation der rotierenden Masse und der massenahen Rotationsgravitation des rotierenden Systems ergibt. Die Expansion und die Konzentration der ewig endlosen Fluktuation der ungleichen Verteilung werden in der endlichen universalen Entwicklung zur Rotationsstabilität der Zentrifugal- und Zentripetalenergie der Massen.

Im Weltbild der ungleichen Verteilung setzt jeder Vorgang der Konzentration Expansionsenergie als Bindungsenergie und jeder Vorgang der Expansion Konzentrationsenergie als Auflösungsenergie frei.

Die Entwicklung der ungleichen Verteilung realisiert sich im endlichen Universum durch die Selbstverstärkung von Konzentration und Expansion. Dabei setzt jeder Vorgang der Konzentration Expansionsenergie frei, und jeder Vorgang der Expansion setzt Konzentrationsenergie frei. In der ewig endlosen Entwicklung der ungleichen Verteilung befinden sich die

Kräfte und Energien der Konzentration und der Expansion im ewig fluktuierenden Gleichgewicht. Wenn in diesem Zustand des Gleichgewichts durch die Selbstverstärkung der Ungleichheit ein Energie benötigender Vorgang der Konzentration stattfindet, muss zur Aufrechterhaltung des energetischen Gleichgewichts Expansionsenergie freigesetzt werden, die das, was sich konzentriert, gegeneinander expandiert. Wenn umgekehrt im Zustand des Gleichgewichts der Kräfte und Energien ein Energie benötigender Vorgang der Expansion stattfindet, muss zur Aufrechterhaltung des energetischen Gleichgewichts potentielle Konzentrationsenergie freigesetzt werden, die das, was gegeneinander expandiert wird, potentiell konzentriert.

Wenn in der endlichen universalen Entwicklung zwei gegeneinander expandierte Materiesysteme sich zueinander konzentrieren, wird Exkraftenergie, die bis dahin das Gleichgewicht von Konzentration und Expansion aufrechterhielt, freigesetzt. Wenn die Konzentration der Systeme wieder aufgelöst werden soll, muss diese Exkraftenergie wieder zugeführt werden. Die durch die Konzentration von Materiesystemen freigesetzte Exkraftenergie wird in der aktuellen Physik als Bindungsenergie geführt. Die in der durch Rotation bestimmten Existenz des endlichen Universums verstärkt freigesetzte Bindungsenergie ist die Energie des universalen Rotationsdruckfelds und wird damit zur Rotationsenergie der universalen Massen.

Wenn ein konzentriertes Materiesystem aufgelöst wird und die sich dann ergebenden getrennten Teilsysteme gegeneinander expandieren, wird Konzentrationsenergie freigesetzt, die bis dahin das Gleichgewicht von Expansion und Konzentration aufrechterhielt. Wenn die Expansion der Systeme aufgehoben und diese wieder konzentriert werden sollen, muss diese Konzentrationsenergie wieder zugeführt werden. Die durch Expansion freigesetzte Konzentrationsenergie wird im Standardmodell der Physik nicht als eigene Energieform geführt. Das Weltbild der ungleichen Verteilung formuliert die Konzentrationsenergie, die bei der Expansion und damit bei der Auflösung konzentrierter Systeme freigesetzt wird, im Gegensatz zum Begriff der Bindungsenergie als Auflösungsenergie. In der durch Rotation bestimmten Existenz des endlichen Universums ist die Auflösungsenergie die die Rotation stabilisierende Gravitationsenergie der Massen.

Bindungsenergie wird als kinetische Energie freigesetzt, Auflösungsenergie als potentielle Energie. In der universalen Entwicklung wird durch den Urknall die gesamte universale Energie der finalen schwarzen Masse des zu Ende gehenden Universums im neuen Universum als kinetische Expansionsenergie freigesetzt. Die Urknallexpansion setzt in der Logik des Weltbilds gleich starke potentielle Auflösungsenergie frei. Mit diesem energetischen Vorgang entsteht die unermessliche Menge der Teilchen des Mikrokosmos, in denen sich Bindungsenergie als Rotationsenergie und Auflösungsenergie als Gravitationsenergie realisieren. Die bei der konzentrativen Entstehung der Teilchen freigesetzte Bindungsenergie wird als Strahlungsenergie freigesetzt und bewirkt die expansive Rotation des entstehenden Universums. Die Menge der Teilchen entwickelt sich mit der hierarchischen Entstehung der universalen Massen zur maximal konzentrierten finalen universalen schwarzen Masse vor dem erneuten Urknall. Jede Konzentration von Materiesystemen setzt Bindungsenergie frei und expandiert die konzentrierten Systeme bzw. verstärkt deren Rotation. In der gesamten universalen Entwicklung setzt jede Expansion von Systemen Auflösungsenergie frei und verstärkt damit die Gravitation der expandierten Massen. In den maximal rotierenden finalen schwarzen Massen ist die gesamte universale Energie im energetischen Gleichgewicht als Auflösungsenergie der Konzentration und Bindungsenergie der Rotation.

Die Stabilität der Rotation, die im Weltbild der Philosophie jede Realität einer Masse bestimmt, ist die stabile, sich permanent im energetischen Gleichgewicht vollziehende Wechselwirkung der Exkraft der Bindungsenergie und der Schwerkraft der Auflösungsenergie. Rotation ist permanente Expansion, die permanent Auflösungsenergie als Gravitationsenergie freisetzen muss. Die Stabilisierung der Expansion zur Rotation ist permanente Konzentration, die permanent Bindungsenergie als Exkraftenergie freisetzen muss. Die Stabilität des rotierenden Systems wird dadurch erreicht, dass Bindungs- und Auflösungsenergie sich permanent gegenseitig bedingen und permanent im Gleichgewicht zueinander stehen.

Die Energiebilanz des endlichen Universums der ungleichen Verteilung ist in der ganzen universalen Entwicklung zwischen Urknall und Urknall ausgeglichen.

Im Weltbild der ungleichen Verteilung ist die im Urknall freigesetzte Energie die gesamte endliche Energie der endlichen universalen Entwicklung. Die Energie bildet rotationsstabile Massen und expandiert die Massen gegeneinander. Die Massen wechselwirken miteinander. Sie rotieren und setzen Auflösungsenergie frei und sie konzentrieren sich und setzen Bindungsenergie frei. Im ersten universalen Entwicklungsschritt entstehen die Rotaquanten als Urbausteine der Materie und expandieren gegeneinander. In der weiteren Entwicklung expandiert das Universum bis zum kosmischen Maximum der Expansion und konzentriert sich dann wieder bis zu den finalen universalen schwarzen Massen. Jede Expansion setzt Auflösungsenergie und jede Konzentration setzt Bindungsenergie frei. In der endlichen Realität der universalen Entwicklung entsteht dabei die gigantische Hierarchie rotationsstabiler Massen vom Rotaquant als Urbaustein bis zum Universum als Ganzem. In jeder rotationsstabilen Masse, die ein Materiesystem bildet, befinden sich die Bindungsenergie als Zentrifugalenergie und die Auflösungsenergie als Zentripetalenergie im stabilen Gleichgewicht. Die totale universale Bindungsenergie und die totale universale Auflösungsenergie müssen dieses Gleichgewicht zwingend in der gesamten universalen Entwicklung bis zum finalen Kollaps aufrechterhalten.

In der fortschreitenden Entwicklung des Universums konzentriert sich immer mehr Auflösungsenergie als Gravitationsenergie in der Konzentration der Massen und immer mehr Bindungsenergie als Exkraftenergie in deren Rotation, bis am Ende der Entwicklung die Existenz maximal konzentrierter und maximal rotierender universaler schwarzen Massen erreicht ist. Das permanente Gleichgewicht aller Bindungs- und aller Auflösungsenergie bewirkt die permanent zu jedem Zeitpunkt der Entwicklung gegebene Stabilität des zwischen Urknall und Urknall endlich existenten Universums. Im Weltbild der ungleichen Verteilung gibt es keine sich endlos fortsetzende Entwicklung des Universums. Die Gesamtheit der universalen Energie ist endlich und stellt sich zwischen Urknall und Urknall jedes Mal erneut in jedem Entwicklungsschritt in permanentem Ausgleich dar.

In der universalen Entwicklung des Weltbilds der ungleichen Verteilung entsteht die Masse aller stabilen und damit wechselwirkungsfähigen Materiesysteme vom kleinsten Baustein bis zum Universum als Ganzem durch Rotation.

Masse entsteht durch die Bewegung von Energie oder Masse. Rotation ist Bewegung. Rotation ist Stabilität von Bewegung. Die Rotation von Energie schafft die Existenz endlich stabiler Masse. Die Rotation von Massen schafft die Existenz und Stabilität komplexer Massen. Jede endliche stabile universale Masse und damit jedes endliche universale Materiesystem vom kleinsten Urbaustein bis zum Universum als Ganzem entsteht und gewinnt Existenz, Stabilität und Fähigkeit zur Wechselwirkung durch Rotation.

Ein Energiequant elektromagnetischer Strahlung besitzt Energie, aber keine Masse. Wenn dieses Quant rotiert, erhält es durch seine Rotation eine Masse, die von der Energie des Quants und der Energie der Rotation bestimmt wird. Die Masse des Rotaquants als Urbaustein der Materie ergibt sich aus der Energie eines Quants ultraenergetischer Strahlung und deren Rotation, die in der Logik des Weltbilds der ungleichen Verteilung nicht gering gegenüber der Lichtgeschwindigkeit sein kann. Das Proton als Kernbaustein besteht aus drei Quarks. Die Masse des Protons ergibt sich aus der Masse der Quarks und der Rotationsenergie des Kernbausteins. Ein schon hochkomplexes Materiesystem wie der Atomkern hat eine Masse, die durch die Gesamtmenge der im Atomkern enthaltenen Materiebausteine und durch deren gleichfalls extrem hohe Rotation bestimmt wird. Die Masse des Atoms besteht aus der Masse des Atomkerns, die durch die Ruhemasse des Atomkerns und deren Rotation bestimmt wird, und aus der Rotationsmasse der um den Atomkern rotierenden Elektronen.

Die Masse eines rotationsstabilen Materiesystems ergibt sich durch die im System rotierende Ruhemasse und deren Rotationsgeschwindigkeit. Die Ruhemasse komplexer Materiesysteme ist die im System kumulierte Masse von bereits durch Rotation gebildeten Submassen. Die Ruhemasse gewinnt durch die Rotationsenergie des Systems zusätzliche Rotationsmasse und wird dadurch zur (Gesamt-)Masse des Systems. Die wechselwirkungsfähige (Gesamt-)Masse eines Materiesystems ist im Weltbild der ungleichen Verteilung durch die Größe der Ruhemasse und die durch deren Rotation bestimmte zusätzliche Rotationsmasse exakt definierbar.

Im Universum der ungleichen Verteilung variiert die Rotationsgeschwindigkeit der Massen in extrem weitem Umfang. Im Mikrokosmos der Rotaquanten und Elementarteilchen wird die Masse eines rotationsstabilen Materiesystems absolut überwiegend durch die hohe Rotationsgeschwindigkeit nahe der Lichtgeschwindigkeit einer extrem kleinen Ruhemasse bestimmt. Alle Elementarteilchen erhalten ihre Masse und ihre dauernde oder vorübergehende Stabilität durch Rotation. Im Weltbild der ungleichen Verteilung, in dem jede Masse durch Rotation entsteht, erhalten auch die als Energiequant masselosen Teilchen des Mikrokosmos ihre Masse durch Rotation, sobald das masselose Energiequant mit Energiequanten oder Teilchen wechselwirkt. Jedes als Energiequant entstehende Teilchen gewinnt seine Masse im Augenblick der Wechselwirkung durch Rotation und entnimmt die dafür notwendige Energie der Energie des universalen Expansionsdruckfelds. Das universale Expansionsdruckfeld elektromagnetischer Strahlung übernimmt damit im Weltbild der ungleichen Verteilung die Funktion des im Standardmodell der Teilchenphysik postulierten Higgs-Felds.

Im Makrokosmos kehrt sich das Verhältnis von Ruhemasse und Rotation um. Beim Stern, bei der Galaxie und beim Universum selbst als größtem rotierenden Materiesystem wird die Masse des Systems maßgeblich durch die Größe der rotierenden Ruhemasse bestimmt und nur zum weitaus kleineren Teil durch die entsprechend niedrige Rotationsgeschwindigkeit. Je größer die rotierende Ruhemasse eines Materiesystems ist, umso mehr sinkt die Rotationsgeschwindigkeit unter die Lichtgeschwindigkeit ab. Die Rotationsgeschwindigkeit selbst extrem schnell rotierender Materiesysteme des Makrokosmos beträgt nur noch Bruchteile der Lichtgeschwindigkeit. (Die Rotationsgeschwindigkeit des derzeit bekannten am schnellsten rotierenden Sterns liegt unter 0,2 Prozent der Lichtgeschwindigkeit.)

Eine überaus wichtige Feststellung im Weltbild der ungleichen Verteilung ist die Tatsache, dass Masse durch Rotation entsteht und dass dieser Grundsatz auch für die kleinsten Urbausteine und Elementarteilchen der universalen Materie gilt.

Im Standardmodell haben die Quanten elektromagnetischer Strahlung, die Photonen, keine Masse. Das Weltbild der ungleichen Verteilung sieht das aus einem anderen Blickwinkel. Das Energiequant der quantisierten elektromagnetischen Welle hat, solange es Energie der Welle ist, keine Masse. Ein Energiequant der elektromagnetischen Welle gewinnt aber, wenn es mit Energie oder Masse wechselwirkt, im Augenblick der Wechselwirkung durch Rotation Masse und Stabilität. Das masselose Energiequant der elektromagnetischen Welle erhält durch den Vorgang der Rotation Masse. Für jede Wechselwirkung ist es notwendig, dass das wechselwirkende Wellenquant durch Rotation Masse erhält. Wenn die Energie des Quants nach der Wechselwirkung in gleicher oder veränderter Form als Strahlung und damit als Welle weiter besteht, wird die Masse des wechselwirkenden Quants wieder zur masselosen Energie der quantisierten Welle.

Im frühen Universum ist das Universum so dicht, d. h., der universale Expansionsdruck ist so hoch, dass die Energiequanten höchstenergetischer elektromagnetischer Strahlung unentwegt miteinander wechselwirken und dabei durch Rotation zu Massen werden. Auf diese Weise entstehen als erste universale Massen die Urbausteine der universalen Materie. Die so entstandenen Urbausteine wechselwirken im frühesten Universum miteinander, indem sie bei gegensätzlicher Ladung annihilieren oder sich bei gleichgerichteter Ladung zu komplexeren Massen konzentrieren und strukturieren. Im Weltbild der ungleichen Verteilung sind die Urbausteine die ersten Bausteine sämtlicher universaler Materie. Nicht oder nur gravitativ miteinander wechselwirkende Urbausteine bleiben in der universalen Entwicklung als Teilchen schwarzer Materie erhalten. Die Rotationsenergie der Urbausteine und der Massen komplexerer Teilchen wird der Energie des universalen Strahlungsdruckfelds entnommen. Bei der Annihilation von Massen wird die Rotationsenergie wieder als Strahlung freigesetzt. Bei komplexeren Materiesystemen wird die Rotationsenergie der das System bildenden Massen zur Strukturenergie des Systems. Wenn sich Bausteine und komplexe Systeme zu neuen Systemen konzentrieren, wird Strukturenergie als Bindungsenergie wieder als Strahlung freigesetzt. Jede in der universalen Entwicklung freigesetzte Energie verstärkt wieder die Energie des universalen Strahlungsdruckfelds, dem diese Energie vorher entnommen worden war.

Die ewig fluktuierenden Kraftfelder der ungleichen Verteilung werden in der Endlichkeit des Universums zum Expansionsdruckfeld elektromagnetischer Strahlung und zum Schwerkraftfeld der sich selbst verstärkenden Expansion und Konzentration.

Im Weltbild der ungleichen Verteilung wird Entwicklung durch Kraftfelder bewirkt. Das fluktuierende Kraftfeld der Expansion und Konzentration bewirkt in der Endlosigkeit der ungleichen Verteilung die ewig
endlos fluktuierende Entwicklung der Ungleichheit. Durch die sich zyklisch wiederholende endliche Selbstverstärkung der Ungleichheit wird
die ewig endlose Fluktuation der Entwicklung zu der durch Urknall und
Urknall bestimmten Endlichkeit der Entwicklung universaler Rotation
und Gravitation. Das ewig fluktuierende Kraftfeld der ungleichen Verteilung wird zum Strahlungsdruckfeld universaler Expansion und zum
Schwerkraftfeld universaler Konzentration.
Die Kraftfelder universaler Endlichkeit bedingen sich gegenseitig in ihrer
Existenz. Die Existenz des endlich universalen Expansionsdruckfelds
elektromagnetischer Strahlung bedarf, um Entwicklung zu bewirken,
der reaktiven Existenz des universalen Schwerkraftfelds. Die endlich
universale Entwicklung ist die Entwicklung der Massen. Die universalen Massen können nur durch die Gegenseitigkeit der Wirkung beider
Kraftfelder entstehen. Mit dem Entstehen des Strahlungsdruckfelds in
der Expansion des Urknalls entsteht zwingend reaktiv gleichzeitig das
universale Schwerkraftfeld. Mit jedem emittierten Energiequant elektromagnetischer Strahlung entsteht ein Quant gleich starker Gravitationsenergie. Beide Kraftfelder müssen sich zwingend im energetischen
Gleichgewicht befinden. Die Expansionsenergie des Strahlungsdruckfelds und die Konzentrationsenergie des Schwerkraftfelds bewirken die
Existenz und Stabilität der universalen Endlichkeit und realisieren ihre
Energie als Zentrifugal- und Zentripetalenergie jeder im Universum
existenten Masse.

Die Träger der im Urknall freigesetzten Expansionsenergie sind die Photonen elektromagnetischer Strahlung. Die Träger der das Gleichgewicht
der Energien bewirkenden Konzentrationsenergie sind in der Logik des
Weltbilds die Gravitonen als Quanten der potentiellen Energie der Gravitation. Schon im ersten Entwicklungsschritt des neuen Universums
bilden die Photonen des Strahlungsdruckfelds mit den Gravitonen des

reaktiv entstehenden Schwerkraftfelds die rotationsstabilen Massen der
Urbausteine der Energie. Die universale Entwicklung entnimmt die zur
Existenz der Masse der Urbausteine benötigte Energie den Energien bei-
der Kraftfelder, die dadurch entsprechende Energie verlieren.

In der frühesten universalen Entwicklung wird durch Annihilation
von Urbausteinen erneut elektromagnetische Strahlung freigesetzt,
die das universale Strahlungsdruckfeld wiederum verstärkt. Die nicht
annihilierten Rotaquanten werden gegeneinander expandiert und bilden mit der Energie der beiden Kraftfelder komplexere Systeme. Mit
den durch Annihilation erneut freigesetzten Photonen elektromagnetischer Strahlung entstehen reaktiv energetisch gleiche Gravitonen des
Anziehungskraftfelds und verstärken auch dessen Energie in gleichem
Umfang. Das Strahlungsdruckfeld und das Schwerkraftfeld bestimmen
mit ihren Energien die gesamte weitere universale Entwicklung, in der
universale Massen und Materiesysteme aus der Energie der Kraftfelder
ihre Existenz und ihre Stabilität gewinnen und durch expansive und
konzentrative Wechselwirkungen wieder Energie an die universalen
Kraftfelder abgeben.

*Im Weltbild der ungleichen Verteilung stellt sich die Rotationsenergie des
endlichen Universums als die Strukturenergie der universalen Materiesysteme einschließlich des Materiesystems des Universums als Ganzes dar.*

Materiesysteme entstehen durch die Rotation von Massen, die bereits
durch Rotation entstanden sind. Jede existente komplexe Masse eines
Materiesystems wird durch die rotierenden Massen und die Stärke der
Rotation bestimmt. Die Energie, die die Rotation einer jeden Masse bewirkt, ist deren Rotationsenergie. Im komplexen Materiesystem stellt
sich die Rotationsenergie, die in allen im System existenten Submassen
gebunden ist, im Ganzen als die Strukturenergie des Systems dar. Nicht
zur Strukturenergie der Systeme gehören die Massen der Urbausteine,
deren Energie erst wieder im erneuten Urknall freigesetzt wird.

Der Urbaustein der Materie ist ein Energiequant, dessen Masse durch die Energie des Quants und die das Quant bewegende Rotationsenergie bestimmt wird. Urbausteine bilden die Materiesysteme der Kernbausteine, deren Masse durch die Masse der beteiligten Urbausteine und die Rotationsenergie des sich ergebenden Kernbausteins bestimmt wird. Die Masse der den Atomkern bildenden Kernbausteine wird durch die Rotationsenergie des Kerns zu dessen Gesamtmasse. Die Masse, die sich durch die Rotation der um den Atomkern rotierenden Elektronen ergibt, bestimmt zusammen mit der Masse des rotierenden Kerns die Masse des Atoms. Atome ballen sich zu Sternen zusammen, Sterne zu Galaxien und Galaxien am Ende zum Materiesystem des Universums als Ganzes. Das hochkomplexe Materiesystem des Sterns erhält seine Existenz und seine Masse durch die Masse der Atome, aus denen es besteht, und durch die Rotationsenergie, mit der die Masse der Atome rotiert. Die Masse des Universums als Ganzes entsteht durch die Rotation aller das Universum bildenden Massen.

Im endlichen Universum ist die Gesamtheit aller Rotationsenergie aller universalen Materiesysteme einschließlich der Rotationsenergie des Universums als Ganzes die Gesamtheit der universalen Strukturenergie. Die auf den verschiedenen Hierarchieebenen eines Materiesystems insgesamt existente Rotationsenergie bildet für das System als Ganzes dessen Strukturenergie. Jede Veränderung eines Materiesystems bedeutet eine Veränderung der Rotationsenergie auf den beteiligten Hierarchieebenen und damit eine Veränderung der Strukturenergie des Systems. Wenn im Kernbrennen eines Sterns Bindungsenergie freigesetzt wird, bedeutet das eine Reduzierung der Strukturenergie des Sterns. Wenn der Großteil der Masse eines Sterns sich in einer Supernova verstrahlt, bedeutet dies teilweise oder ganz die Verstrahlung der Strukturenergie des Sterns und eine Reduzierung der Strukturenergie seiner Galaxie. Wenn alle Strukturenergie eines Sterns verstrahlt ist, bleibt von ihm (wenn er die entsprechende Größe hat) nur die maximal konzentrierte Masse der in der normalen universalen Entwicklung nicht verstrahlbaren Urbausteine

einer schwarzen Masse. Wenn alle Sterne einer Galaxie sich zum Ende
der universalen Entwicklung in einer gewaltigen galaktischen schwarzen
Masse konzentrieren, ist die gesamte Strukturenergie aller Materiesysteme der Galaxie im Lauf der Entwicklung verstrahlt und in der finalen
schwarzen Masse als deren gigantische Rotationsenergie existent.

Die durch Verstrahlung subuniversaler Strukturenergie freigesetzte
Strahlungsenergie wird in der universalen Entwicklung zur Rotationsenergie und damit zur Strukturenergie des Universums als Ganzes.
In der expansiven Phase der universalen Entwicklung expandiert das
Universum durch offene Rotation. Die freigesetzte Strahlungsenergie
wird zur Rotationsenergie des Universums. Das Universum rotiert und
expandiert in dem Maß und so lange, wie die freigesetzte universale
Strukturenergie die Gravitationsenergie der sich durch Konzentration
der Materiesysteme ansammelnden Massen überwiegt. In der konzentrativen Phase der Entwicklung überwiegt die Gravitationsenergie. Das
Universum konzentriert sich wieder. Die Strukturenergie des Universums als Ganzes wird zu universaler Rotationsenergie und bewirkt die
immer stärkere Rotation des sich konzentrierenden Universums. Am
Ende der Entwicklung ist das Universum in den universalen schwarzen
Massen maximal stark konzentriert und die gesamte universale Strukturenergie bewirkt die maximal mögliche Rotation des finalen Universums.

Im Universum der ungleichen Verteilung wird die ewig fluktuierende Span
nung zum Ausgleich der Ungleichheit durch Selbstverstärkung zur univer
salen Entwicklung von Expansion und Konzentration zwischen Urknall
und Urknall.

Die Energie im Weltbild der ungleichen Verteilung ist die ewig endlos
fluktuierende Spannung zum Ausgleich der Ungleichheit. Die ungleiche
Verteilung von Nichts realisiert sich durch die einander entgegengesetzten Zustände der Konzentration und der Expansion. Die Spannung zum
Ausgleich der Ungleichheit ist die Spannung, Konzentration und Ex-

pansion gegeneinander zum Nichts auszugleichen. Wenn die Spannung sich je ausgleichen würde, wäre die gleiche Verteilung des Nichts (wieder) erreicht und es gäbe keine Existenz mehr von Energie.

Wenn Energie die Spannung zum Ausgleich von Konzentration und Expansion ist, bedeutet die ewig endlose Fluktuation der ungleichen Verteilung die ewig endlose Folge von Vorgängen der Konzentration und Expansion. Die durch die Existenz der Spannung existente Energie wechselt in der ewigen Fluktuation des Ausgleichs permanent zwischen potentieller und kinetischer Energie. Jedes Quant kinetischer Energie, das den Ausgleich der Spannung zwischen Ungleichheit und Gleichheit und damit den Ausgleich von Konzentration und Expansion bewirkt, realisiert ein Quant potentieller Energie, durch das die Spannung erneut hergestellt wird. Auf diese Weise kann der Ausgleich der Spannung nie erreicht werden und bleibt die ewige Fluktuation der Spannung und damit die ewige Existenz der Energie der ungleichen Verteilung ewig endlos aufrechterhalten.

In der Endlichkeit der universalen Entwicklung ist Masse das Ergebnis der Selbstverstärkung von Expansion und Konzentration. Die durch Rotation bewirkte Existenz und Stabilität der Masse ist das massebezogene stabile Maximum der Selbstverstärkung. Mit der masseschaffenden Rotation ist endliche Stabilität der Spannung zum Ausgleich von Expansion und Konzentration erreicht. Mit der Stabilität der Masse wandelt sich in der universalen Entwicklung die kinetische Energie der Rotation zur potentiellen Energie der Expansion. Das Universum entsteht, indem kinetische Energie der Expansion in der hierarchischen Entwicklung der Materiesysteme zur potentiellen Energie der Spannung zum Ausgleich von Expansion und Konzentration wird. In der universalen Entwicklung entsteht endliche Stabilität initial mit der Entstehung der unermesslichen Vielzahl der Urbausteine. Es ist das Ziel der universalen Entwicklung, die Stabilität der unermesslichen Vielzahl der Urbausteine zur Stabilität einer einzigen universalen Masse als dem Maximum der

Selbstverstärkung eines ganzen Universums zu konzentrieren. Das Ziel wird mit den finalen universalen schwarzen Massen erreicht, die im Urknallkollaps zum Beginn eines neuen Universums werden.

Die Strahlungsenergie des universalen Strahlungsdruckfelds ist potentielle Expansionsenergie, die sich in der Expansion und Rotation von Massen als kinetische Energie realisiert. Die stabilisierte Energie der Masse ist potentielle Expansionsenergie, die bei der Konzentration von Materie wiederum als Strahlungsenergie freigesetzt wird. Die Entstehung der gigantischen Hierarchie universaler Materiesysteme im Verlauf der universalen Entwicklung bedeutet permanenten Wechsel zwischen potentieller und kinetischer Energie. Dabei vergrößert sich im Ablauf der Entwicklung ständig der Anteil potentieller Energie. Wenn keine kinetische Strahlungsenergie mehr aus der Konzentration von Materiesystemen freigesetzt wird, existiert die gesamte universale Energie als Rotationsenergie der sich konzentrierenden Systeme. Mit der Konzentration der universalen Materie am Ende der Entwicklung zu den finalen schwarzen Massen vollzieht sich die Selbstverstärkung der universalen Spannung zum Ausgleich von Expansion und Konzentration bis zum möglichen Maximum reiner, in der extrem hohen Rotation realisierter potentieller Expansionsenergie vor dem Kollaps zum erneuten Urknall.

Die endliche Energie des Universums der ungleichen Verteilung entwickelt sich zwischen Urknall und Urknall von der Erscheinungsform totaler Strahlungsenergie zur maximal möglichen Rotationsenergie universaler Massen.

Energie ist die Spannung zum Ausgleich der ungleichen Verteilung. Wenn die ungleiche Verteilung sich als Konzentration und Expansion darstellt, ist Energie die Spannung zum Ausgleich von Konzentration und Expansion. Die Spannung ist potentielle Energie. Der Vollzug des Ausgleichs der Spannung ist kinetische Energie. Jeder Vollzug des Ausgleichs ist entweder ein Vorgang von Expansion oder ein Vorgang von Konzentration. Jeder Vollzug kinetischer Energie der Expansion muss gleichzeitig die Realisierung gleich großer potentieller Energie der Konzentration bewirken. Jeder Vollzug kinetischer Energie der Konzentration muss gleichzeitig die Realisierung gleich großer potentieller Energie der Expansion bewirken.

Die Endlichkeit der universalen Entwicklung der Spannung zum Ausgleich von Expansion und Konzentration ist nur möglich, wenn die universale Energie endlich ist. Die Endlichkeit der Energie ist in der ewig endlosen Spannung zum Ausgleich der ungleichen Verteilung nur erreichbar, wenn die zyklische Selbstverstärkung von Konzentration und Expansion sich in der sich ewig wiederholenden Entwicklung eines Universums manifestiert. Die Endlichkeit der universalen Entwicklung wird dadurch bewirkt, dass die Selbstverstärkung von Konzentration und Expansion sich bis zum möglichen Maximum steigert und dann sich selbst erschöpft. Sie erschöpft sich dann, wenn im Maximum der Entwicklung nicht mehr ausreichend Energie zur noch weiteren Selbstverstärkung zur Verfügung steht.

In der Endlichkeit der universalen Entwicklung wechselt die Energie zwischen zwei Erscheinungsformen, der Energie elektromagnetischer Strahlung und der Energie der Rotation der Massen. Das Weltbild der ungleichen Verteilung versteht die Formel $e = mc^2$ als die Formel der Existenz von Masse durch Rotation. Die Energie elektromagnetischer Strahlung ist zeitlos. Das Photon bewegt sich mit Lichtgeschwindigkeit und unterliegt damit keinem Ablauf von Zeit. Um die Endlichkeit der Selbstverstärkung in der universalen Entwicklung zu erreichen, wird zeitlos reine Strahlungsenergie zur endlichen Rotationsenergie konkreter universaler Massen. Die Rotationsenergie der Massen ist endlich, weil Rotation ein Ergebnis der Selbstverstärkung ist und weil der Vorgang der Selbstverstärkung sich am Ende selbst erschöpft.

Das endliche Universum entwickelt sich vom initialen Zustand totaler elektromagnetischer Strahlung im Urknall zum finalen Zustand maximal möglicher Rotation der maximal konzentrierten universalen schwarzen Massen vor dem erneuten Urknall. Es ist das Ziel des Entwicklungsablaufs des endlichen Universums, aus der Erscheinungsform der instabilen universalen Energie des Urknalls als reine elektromagnetische Strahlung die finale universale Stabilität der Erscheinungsform totaler Masserotation zu erreichen. Das Ziel wird erreicht, indem sich im Ablauf der Entwicklung Strahlungsenergie vielfältig in die Strukturenergie einer Hierarchie universaler Massen umwandelt und die universalen Massen sich konzentrieren und durch vielfältige Wechselwirkungen die Strukturenergie komplexer Massen wieder als Strahlungsenergie freisetzen. Wenn alle Strukturenergie der universalen Hierarchie der Massen freigesetzt ist, stellt sich die gesamte Energie des endlichen Universums als die finale Stabilität der maximal großen potentiellen Expansionsenergie der maximal rotierenden universalen schwarzen Masse dar. Im Kollaps des Urknalls wird die maximale Stabilität der maximal großen, finalen, potentiellen Expansionsenergie in die maximale Instabilität der den ersten universalen Entwicklungsschritt bewirkenden, maximal großen kinetischen Expansionsenergie des neuen Universums transformiert.

Das mögliche Maximum der Selbstverstärkung ungleicher Verteilung ist die Rotation. In der Rotation ist die endliche, sich selbst erhaltende Stabilität der Ungleichheit erreicht. In der Rotation des Universums als Ganzes sind die Expansions- und die Konzentrationsenergie bis zum Urknallkollaps ausgeglichen. Am Ende der Entwicklung eines ganzen Universums wird der Punkt erreicht, an dem die noch größere Konzentration der finalen universalen schwarzen Massen keine gleichwertige noch höhere Rotationsenergie mehr möglich macht. Mit dem Wachsen der Rotationsgeschwindigkeit des finalen, sich immer weiter konzentrierenden Universums der schwarzen Massen entsteht immer höherer Rotationsenergiebedarf, der ab einem bestimmten Punkt nicht mehr gedeckt werden kann. Je mehr sich die Rotationsgeschwindigkeit der Lichtgeschwindigkeit nähert, umso stärker steigt der Energiebedarf für eine noch weitere Steigerung der Geschwindigkeit an. Das Gleichgewicht von Expansions- und Konzentrationsenergie bricht unter dem Konzentrationsdruck der finalen schwarzen Massen zusammen. Mit dem nicht mehr ausreichenden Expansionsdruck der universalen Rotation kollabieren die finalen schwarzen Massen zum erneuten Urknall. Die Entwicklung verläuft vom Maximum der Instabilität der Strahlungsenergie im Urknall zum Gleichgewicht von Strahlungs- und Masseenergie im kosmischen Maximum der Expansion und weiter bis zum Maximum der Stabilität der rotativen Masseenergie in der maximal möglichen Rotation der universalen schwarzen Massen vor dem erneuten Urknall. Im Ereignis des Urknalls wird die gesamte Energie des Universums als die Energie elektromagnetischer Strahlung freigesetzt. Vom ersten Entwicklungsschritt des neu entstehenden Universums an wandelt sich Strahlungsenergie in die Rotationsenergie universaler Massen der Rotaquanten, Elementarteilchen und Atome um und wird im Verlauf der universalen Entwicklung bei konzentrativer Wechselwirkung solcher Massen wieder als Strahlungsenergie freigesetzt.

Jede Strahlungsenergie, die sich nicht in die Rotationsenergie subuniversaler Massen umwandelt, verstärkt die expansive Rotation des Universums der Massen als Ganzes. Das Universum expandiert. Im Zustand des kosmischen Maximums der Expansion erreichen die Masse und der Raum des Universums ihre größte Ausdehnung. Die Energie des Universums befindet sich im Gleichgewicht zwischen der die universale Rotation bewirkenden Strahlungsenergie und der Gravitationsenergie der in der universalen Entwicklung schon maximal konzentrierten subuniversalen Massen, die im Zustand des kosmischen Maximums der Expansion maximal gegeneinander expandiert sind.

Im weiteren Ablauf der universalen Entwicklung bewirkt das in der Selbstverstärkung entstehende Übergewicht der Gravitationsenergie der subuniversalen Massen eine immer stärkere Konzentration des Universums. Die freie Strahlungsenergie des Universums wird immer geringer. Die expandierten Massen ziehen einander an. Das Universum der sich konzentrierenden Massen wird immer kleiner und rotiert immer schneller. Das Ende der universalen Entwicklung wird erreicht, wenn die gesamte Energie des Universums sich als die Rotationsenergie des Universums selbst, als die Rotationsenergie der schwarzen Massen und als die Rotationsenergie der in den schwarzen Massen konzentrierten schwarzen Materie der Urbausteine darstellt. Das zur gigantischen Zusammenballung universaler schwarzer Massen konzentrierte Universum rotiert maximal schnell. Die universalen schwarzen Massen bestehen aus der maximal konzentrierten schwarzen Materie der kleinsten Urbausteine des Universums, von denen jeder einzelne ebenfalls reine Rotationsenergie ist.

Die expansive und die konzentrative Entwicklung des Universums werden durch die Entwicklung des universalen Strahlungsdruckfelds und durch die sich in den Massen ansammelnde Gravitationsenergie bestimmt.

Die expansive und konzentrative Entwicklung des Universums zwischen Urknall und Urknall wird durch die Entstehung, die Konzentration, die Abstoßung und die Anziehung von Massen bestimmt. Die Entwicklung wird durch zwei Kraftfelder bewirkt: das universale Expansionsdruckfeld elektromagnetischer Strahlung als Kraftfeld der Entstehung und der Abstoßung der Massen und das Konzentrationskraftfeld der Gravitation als Kraftfeld der Konzentration und der Anziehung der Massen. Das Strahlungsdruckfeld krümmt sich um entstehende Massen entsprechend der Größe der Massen und bewirkt deren gegenseitige Abstoßung. Je stärker die Energie des Expansionsdruckfelds durch die Freisetzung von Strahlung wird, umso stärker ist die abstoßende Wirkung des sich um die Massen krümmenden Kraftfelds. Und je größer die Massen sind und je stärker sie sich konzentrieren, umso stärker wird die Krümmung der Strahlungsenergie und die damit durch die Größe der Masse bestimmte gegenseitige Abstoßung der Massen im universalen Expansionsdruckfeld.

Die Stärke der rotativen universalen Expansion wird zu jedem Zeitpunkt der Entwicklung durch die aktuelle Stärke der in der bisherigen universalen Entwicklung kumulierend freigesetzten Strahlungsenergie bestimmt. Solange das Expansionsdruckfeld elektromagnetischer Strahlung in ausreichender Stärke besteht, werden die universalen Massen gegeneinander expandiert oder ihre gravitative Wiederanziehung wird verzögert. Am Ende der universalen Entwicklung existiert kein Strahlungsfeld mehr und die gesamte Expansionsenergie ist als die Rotationsenergie der sich konzentrierenden schwarzen Massen konzentriert.

Zu Beginn der universalen Entwicklung wird die Expansion der entstehenden Massen des Mikrokosmos absolut überwiegend durch die Stärke des Strahlungsdruckfelds bestimmt. Die Größe und die Konzentration der extrem kleinen Massen des frühesten Universums sind für die abstoßende Krümmung des Kraftfelds unerheblich. Die entstehenden Massen binden aber in erheblichem Umfang Expansionsenergie des Strahlungsdruckfelds als Rotationsenergie. Die Massen des Mikrokosmos konzentrieren sich zu den Materiesystemen des Makrokosmos und verstärken durch die freigesetzte Bindungsenergie das verbliebene Druckfeld. Die wachsende Größe und Konzentration der Materiesysteme verstärkt dabei gleichzeitig die Krümmung des Kraftfelds um die Systeme und bewirkt damit durch die sich verstärkende negative Vakuumenergie deren zusätzliche Expansion.

Je mehr die Systeme sich konzentrieren und je mehr Bindungsenergie durch die Konzentration der Materiesysteme freigesetzt wird, umso stärker ist die universale Expansion. Gleichzeitig wächst die Gravitationsenergie, die sich in den expandierten Systemen als Lageenergie ansammelt, und vermindert dadurch die expansive Wirkung des Strahlungsdruckfelds. Die universale Expansion stellt sich im Weltbild der ungleichen Verteilung als ansteigende und wieder bis zum Stillstand abflachende Kurve dar. Es sollte mit entsprechenden Computerprogrammen möglich sein, ein Modell für den Verlauf dieser Kurve zu berechnen.

Auch das Konzentrationskraftfeld der Gravitation stellt sich mit der Anziehungskraft, die alle universalen Massen aufeinander ausüben, als universales, massebezogenes Kraftfeld potentieller Gravitationsenergie dar, das sich in gleicher Weise wie das Expansionsdruckfeld um die Massen entsprechend deren Größe und Konzentration krümmt. Die Größe und die Konzentration der Massen und die daraus resultierende Krümmung des Kraftfelds bewirken die Stärke der gegenseitigen Anziehung. Im Verlauf der universalen Entwicklung konzentrieren sich die Massen immer stärker und ziehen damit einander immer stärker an. Im abnehmenden Druck des Expansionsdruckfelds konzentriert sich das expandierte Universum wieder. Der universale Raum verkleinert sich und die universalen Massen konzentrieren sich, bis am Ende der Entwicklung das Universum zu einer einzigen gigantischen Urknallmasse kollabiert. Auch der Verlauf dieser Konzentrationskurve sollte im Computermodell berechenbar sein.

Im hierarchischen Aufbau der universalen Materiesysteme bedeutet die Erreichung der Rotationsstabilität eines Systems auch die Erreichung der Stabilität gegenüber den universalen Kräften des Strahlungsdruckfelds und des Kraftfelds der Gravitation.

Die Stabilität des Materiesystems eines Sterns entsteht, indem sich staub- und gasförmige Materie im Kraftfeld der universalen Gravitation zu einer Zusammenballung von Atomen immer stärker konzentriert und bei Erreichung einer genügend hohen Konzentration im universalen Rotationsdruckfeld zu rotieren beginnt. Bevor die Rotationsstabilität erreicht ist, wird die Zusammenballung von Atomen ausschließlich von den Kräften der universalen Gravitation und der universalen Expansion bestimmt. Sobald das System des werdenden Sterns zu rotieren beginnt, erhält es eine eigenständige Stabilität gegenüber diesen Kräften, die das System des Sterns entsprechend wechselwirkungsfähig mit anderen Materiesystemen macht. Die universale Gravitation der sich durch gravitative Wechselwirkung zusammenballenden Atome bleibt auch im eigenständigen System erhalten. Der Stern erhält aber durch die Rotation über die gravitative Wechselwirkung der Atome hinaus eine zusätzliche eigene gravitative Stabilität und damit die Fähigkeit zur Wechselwirkung des Systems als Ganzes mit anderen Systemen.

Das Gleichgewicht der universalen Kräfte und Energien verlangt den Aufbau einer universalen, sich hierarchisch organisierenden Struktur rotationsstabiler Massen und Materiesysteme. Sobald in der universalen Entwicklung ein System durch die Energie der beiden Kraftfelder den Zustand der Rotationsstabilität erreicht hat, bleibt diese Stabilität gegenüber den Kräften der universalen Rotation und Gravitation eigenständig erhalten. Die Energien des universalen Rotationsdruckfelds und des universalen Konzentrationskraftfelds der Gravitation verändern nicht mehr die innere Struktur des stabilen Systems. Sie bewirken aber die rotative Entstehung neuer Systeme komplexerer Struktur, in denen die Systeme zu Subsystemen und damit zu Bausteinen hierarchisch höherer Rotationsstabilität werden. Rotaquanten werden zu Bausteinen stabiler Elementarteilchen, Elementarteilchen zu Bausteinen stabiler Atome und Atome zu Bausteinen rotationsstabiler Sterne. Sterne rotieren als Bausteine stabiler Galaxien, aus Galaxien werden Haufen und Superhaufen und das Universum als Ganzes gewinnt die umfassende Struktur rotationsstabilen Gleichgewichts der Kraftfelder der Rotation und der Gravitation.

Die Energie der Rotationsstabilität der Massen ist der Teil der universalen Energie, der sich als Strukturenergie der Hierarchie der universalen Materiesysteme in der universalen Entwicklung bindet. Im Ablauf der universalen Entwicklung wird bei der entwicklungsbedingten Konzentration der Materiesysteme die Gesamtheit dieser Strukturenergie als Bindungsenergie wieder freigesetzt und verstärkt die jeweils zum Zeitpunkt der Freisetzung aktuell vorhandene Energie des universalen Strahlungsdruckfelds. Sie wird damit zur Strukturenergie des Universums als Ganzes, die am Ende der universalen Entwicklung als maximale universale Rotationsenergie zu Energie des die universale Entwicklung beendenden erneuten Urknalls wird.

In der frühesten universalen Entwicklung entstehen aus der abnehmend energiereichen elektromagnetischen Strahlung die Urbausteine und nachfolgend die komplexeren Elementarteilchen der universalen Materie.

Mit dem Urknall ist im Beginn der universalen Entwicklung die Gesamtheit aller universalen Energie als die Gesamtheit aller Photonen universaler elektromagnetischer Strahlung existent. In der endlichen universalen Entwicklung ist die Spannung, den Ausgleich zu vollziehen, im Augenblick des Urknalls am größten. Im initialen Vorgang des Ausgleichs muss deshalb die Energie der universalen Photonen am größten sein. Die frühesten Photonen universaler Energie sind Photonen höchstmöglicher Energie. Mit jedem Schritt des Entwicklungsablaufs und damit des Vollzugs von Expansion wird die Energie der elektromagnetischen Strahlung und damit die Energie der Photonen dieser Strahlung geringer.

Die Urbausteine der universalen Materie, die Rotaquanten, entstehen in der frühesten Entwicklungsphase des neuen Universums. Die Rotationsenergie, die zur Bildung der durch Rotation entstehenden Masse der Teilchen notwendig ist, ist in der Logik des Weltbilds der ungleichen Verteilung die Exkraftenergie der frühesten, ultraenergetischen elektromagnetischen Urknallstrahlung. Im Ereignis des Urknalls hat die freigesetzte Strahlung und haben damit deren Photonen maximal hohe Energie. Die Energie der Strahlung verringert sich mit zunehmender Expansion und Abkühlung des Universums. Die am frühesten entstehenden Teilchen sind im Weltbild der ungleichen Verteilung die Rotaquanten als die Urbausteine aller Materie. Sie entstehen nach einer Hypothese dieses Weltbilds aus den Photonen erster ultraenergetischer Strahlung jenseits der Energie der Gammastrahlung und bleiben, soweit sie nicht unmittelbar nach ihrer Entstehung annihilieren, als Bausteine aller höheren Materiesysteme oder singulär als strahlungsfreie schwarze Materie in der ganzen universalen Entwicklung bis zum erneuten Urknall erhalten. Die ultraenergetische Strahlung, aus der die Rotaquanten entstehen, wird in keinem kosmischen Ereignis, auch nicht bei einem

Gammablitz oder einer Supernova, sondern erst unter den Bedingungen des erneuten Urknalls wieder freigesetzt. Es kann demnach im Verlauf der universalen Entwicklung auch kein Messsystem zur Erfassung ultraenergetischer Strahlung geben.

Im Ablauf der frühen universalen Entwicklung werden mit der sich vermindernden Energie der elektromagnetischen Strahlung die komplexeren Systeme der höheren Elementarteilchen als Bausteine der Atome gebildet. Die Rotationsenergie aller komplexeren Systeme, die nach und aus den Urbausteinen entstehen, ist die Energie der abnehmend energiereichen elektromagnetischen Strahlung. Sie wird in den höheren Materiesystemen zu deren Strukturenergie und wird bei entwicklungsbedingter Auflösung der Systeme wieder freigesetzt. Dabei wird jeweils die Energie wieder freigesetzt, die bei der Entstehung als Rotationsenergie in der Struktur der Materiesysteme gebunden wurde. Als Strukturenergie sehr früher, komplexerer Systeme kann und muss elektromagnetische Strahlung unterschiedlicher Energie gebunden sein und bei der Auflösung oder der Veränderung der Systeme entsprechend freigesetzt werden. In der Logik der ungleichen Verteilung wird von der Kernspaltung oder der Kernfusion bis zur Supernova oder dem Jetstream schwarzer Massen immer die Energie wieder freigesetzt, die in der Entstehung der Systeme als Rotationsenergie der Teilchen gebunden wurde.

Das schwarze Loch der aktuellen Kosmologie ist im Weltbild der ungleichen Verteilung eine rotationsstabile, maximal konzentrierte, extrem schnell rotierende schwarze Masse schwarzer Materie.

Die Rotaquanten sind die ersten rotationsstabilen Massen der universalen Entwicklung und als solche auch die kleinsten Urbausteine der universalen Materie. Sie entstehen im Urknall aus – so das Weltbild der ungleichen Verteilung – ultraenergetischer elektromagnetischer Strahlung in der ultraenergetischen Situation des frühesten Strahlungsdruckfelds. Die Rotaquanten, soweit sie nicht im frühesten Universum wieder annihilieren, sind die Grundbausteine aller universalen Materiesysteme. Sie beziehen ihre Stabilität aus der höchstmöglichen im Urknallkollaps freigesetzten Exkraftenergie des Strahlungsdruckfelds und der gleich hohen Konzentrationsenergie des reaktiv existenten Anziehungskraftfelds der Gravitation. Sie erhalten, wenn sie nicht sofort nach der Entstehung annihilieren, ihre Existenz während der gesamten universalen expansiven und konzentrativen Entwicklung und sind erst auflösbar, wenn im erneuten Urknall wieder die gleiche ultraenergetische Situation gegeben ist wie die, in der sie entstanden sind.

Rotaquanten werden in der Entstehungsphase des Universums als Bausteine in den Elementarteilchen gebunden oder bleiben als isolierte Einzelsysteme erhalten. In den Elementarteilchen kann mittelbar auf ihre Existenz geschlossen werden. Als isolierte Einzelsysteme sind sie nur – in Zusammenballungen – durch ihre gravitative Wechselwirkung nachweisbar. Die universale Gravitation eines einzelnen Urbausteins ist so gering, dass sie nie messbar ist, und seine rotationsbedingte Rotationsgravitation wirkt nur in seinem direkten Nahbereich. Die Wechselwirkung der Urbausteine durch die universale Gravitation wird erst makrokosmisch wirksam, wenn eine große Anzahl singulärer Rotaquanten sich zusammenballt und/oder durch sicht- und messbare Materie angezogen wird und sich ihre universale Gravitation in der Masse der angesammelten Rotaquanten addiert. Freie Rotaquanten, die nicht als Bausteine komplexer Materiesysteme gebunden werden, sind im Weltbild der ungleichen Verteilung Teilchen strahlungsfreier schwarzer Materie. Da sie während der universalen Entwicklung nicht als Strahlung zerfallen können und sie sich in der ganzen Entwicklung erst im erneuten Urknall auflösen, kann zu keinem Zeitpunkt Strahlung aus irgendeiner Wechselwirkung durch sie abgegeben werden. Und wenn Strahlung abgegeben würde, wäre diese mit keinem möglichen Messsystem messbar.

Die Rotaquanten sind als Urbausteine in der Existenz der Elementarteilchen und aller durch sie existenten komplexen Materiesysteme gebunden.

Wenn sich die Materiesysteme in der universalen Entwicklung auflösen – im Kernbrennen der Sterne oder in einer Supernova –, kann alle in ihren Systemen als Rotationsenergie konzentrierte Strukturenergie abgestrahlt werden, nicht aber die Energie der Urbausteine, aus denen sie gebildet wurden. Kein universaler Entwicklungsvorgang außerhalb der Urknallsituation kann die Verstrahlung von Rotaquanten bewirken. Nach Abstrahlung aller abstrahlbaren Strukturenergie konzentrieren sich die Urbausteine aller komplexen Materiesysteme am Ende zu den maximal konzentrierten strahlungsfreien schwarzen Massen.

Die extrem hoch rotierende schwarze Masse der schwarzen Materie maximal konzentrierter Urbausteine hat mit der Verstrahlung aller Strukturenergie die maximal mögliche Information gewonnen und damit minimal mögliche Entropie. Sie erhält ihre Stabilität durch das Gleichgewicht der maximal großen Schwerkraft der maximal konzentrierten Materie und ihrer extrem hohen Rotation. Die schwarze Masse des Weltbilds der ungleichen Verteilung entspricht dem schwarzen Loch der aktuellen Kosmologie.

Mit dem Ereignis des Urknalls entsteht aus der freigesetzten universalen Energie die maximal mögliche Menge an Urbausteinen. Im frühen, noch raumarmen Universum muss die Dichte der Urbausteine extrem hoch sein. Urbausteine müssen sich durch gravitative Wechselwirkung in Zusammenballungen konzentrieren, in denen erst ein geringerer Anteil an komplexer Materie unter Bindung rotativer Strukturenergie entstanden ist. In der Logik des Weltbilds müssen sich schon im frühen Universum Zusammenballungen von Urbausteinen allein durch ihre Schwerkraft zu strahlungsfreien schwarzen Massen konzentrieren. Solche primordialen, teilweise extrem großen schwarzen Massen entstehen ohne oder in weit geringerem Umfang durch Freisetzung von Strukturenergie komplexer Materiesysteme. Primordiale schwarze Massen von Urbausteinen müssen im frühen, sich entwickelnden Universum die Entstehung früher Galaxien mit entsprechender Entstehung von Sternen bewirken.

In der endlichen universalen Entwicklung muss sich alle Materie zu schwarzen Massen und am Ende das Universum zur universalen Zusammenballung universaler schwarzer Massen konzentrieren.

In der universalen Entwicklung konzentrieren sich die universalen Materiesysteme, die durch Rotation entstehen und im Ablauf der Entwicklung ihre Strukturenergie wieder verstrahlen, immer stärker und setzen dabei immer mehr gebundene Exkraftenergie frei. In den Sternen erfolgten die Konzentration und die Freisetzung von Exkraftenergie durch Kernfusion und Kernspaltung. Am Ende der Sternentwicklung konzentrieren sich die ausgebrannten Sterne als Supernovae zu Neutronensternen oder schwarzen Massen. Dabei werden gigantische Mengen an Exkraftenergie aus den hierarchisch frühen Materiesystemen der Elementarteilchen als hochenergetische Strahlung freigesetzt, die das universale Strahlungsdruckfeld verstärken. In den Materiesystemen der schwarzen Massen sind und bleiben nur die frühesten, aus ultraenergetischer Strahlung entstandenen kleinsten Systeme der Urbausteine als schwarze Materie konzentriert, für deren Zerfall auch das Ereignis der Supernova nicht ausreicht.

Die extreme Schwerkraft schwarzer Massen beruht auf zwei Faktoren: der extrem hohen universalen Gravitation der maximal strukturlos konzentrierten Masse schwarzer Materie und der durch die extrem hohe Rotation dieser Masse bewirkten massenahen Rotationsgravitation. Dabei kumulieren die massebezogene universale Gravitation und die rotationsbezogene massenahe Rotationsgravitation. Die kumulierte Gravitation der schwarzen Massen hat zusätzlich zur universalen Gravitation aufgrund der extrem starken Rotationsgravitation eine extrem starke Anziehungskraft im Nahbereich. Alles, was diesem Nahbereich zu nahe kommt, wird unvermeidbar von der schwarzen Masse zerrissen, und der nicht mehr reduzierbare Anteil strahlungsfreier schwarzer Materie wird der schwarzen Masse hinzugefügt. Der reduzierbare, also zu verstrahlende Anteil der Materie, die von der schwarzen Masse angezogen wird,

114

wird aus der Akkretionsscheibe und mit dem Jetstream der schwarzen Masse verstrahlt. Im Weltbild der ungleichen Verteilung enthalten die schwarzen Massen der maximal konzentrierten Urbausteine temperaturlos und strahlungsfrei die Gesamtheit möglicher Information und haben geringstmögliche Entropie.

Im Verlauf der galaktischen Entwicklung konzentrieren sich immer mehr Sterne zu schwarzen Massen. Im Zentrum der Galaxien wird die Masse der zentralen galaktischen schwarzen Massen immer größer und zieht immer mehr Materiesysteme und dezentrale schwarze Massen an. Die Galaxie konzentriert sich immer stärker. Durch jeden Konzentrationsvorgang wird Bindungsenergie freigesetzt, die das universale Strahlungsdruckfeld verstärkt. Das rotative Expansionsdruckfeld elektromagnetischer Strahlung expandiert die rotierenden Galaxien gegeneinander immer stärker. Am Ende der expansiven universalen Entwicklung, im kosmischen Maximum der Expansion, konzentrieren sich die Galaxien zu gewaltigen galaktischen schwarzen Massen, die im rotierenden Universum des universalen kosmischen Maximums maximal weit expandiert sind.

Im kosmischen Maximum der Expansion beginnt die sich selbst verstärkende konzentrative Entwicklung des Universums. Die Energie des universalen Strahlungsdruckfelds reicht nicht mehr zur weiteren Expansion des Universums und nicht mehr zur Stabilisierung des kosmischen Maximums der Expansion aus. Die mit dem Universum rotierenden galaktischen schwarzen Massen haben so große Gravitationsenergie als ihre Lageenergie gespeichert, dass das ganze Universum sich zu konzentrieren beginnt. Die durch die universale Konzentration frei werdende Bindungsenergie verstärkt die Rotation des schrumpfenden Universums. Die galaktischen schwarzen Massen ziehen einander an und beginnen sich zu vereinen. In konzentrativer Selbstverstärkung konzentriert sich das Universum immer stärker und rotiert dabei immer schneller. Am Ende der konzentrativen Entwicklung steht das rotierende Universum der universalen schwarzen Massen vor dem Kollaps zum erneuten Urknall. In der Logik des Weltbilds der ungleichen Verteilung muss am Ende der universalen Entwicklung die Zusammenballung der universalen schwarzen Massen zu einer einzigen gigantischen finalen instabilen schwarzen Masse kollabieren und damit das Ereignis des Urknalls bewirken.

In der Logik des Weltbilds der ungleichen Verteilung ist der Urknall die Freisetzung der gesamten endlich universalen Energie des finalen Universums der universalen schwarzen Massen in zwei unmittelbar verbundenen Vorgängen der Energiefreisetzung.

Die Expansionsenergie des Urknalls wandelt sich im Verlauf der universalen Entwicklung zur Rotationsenergie universaler Masse vor dem erneuten Urknall. Im Weltbild der ungleichen Verteilung ist der Urknall der zeitfreie Übergang zwischen zwei endlichen Universen. Der Urknall beendet den universalen Zeitablauf und ist der Beginn eines neuen Ablaufs endlich universaler Zeit. Der Urknall im Weltbild der ungleichen Verteilung ist nicht die explosionsartige Expansion des Universums aus einer punktförmigen Singularität, sondern die Freisetzung der gesamten universalen Energie beim Kollaps der finalen schwarzen Massen eines Universums am Ende seiner Entwicklung. Das zyklische Universum der ungleichen Verteilung entwickelt sich von der Totalität seiner Energie als Expansionsenergie im Urknall zur Totalität seiner Energie als Rotationsenergie der maximal konzentrierten, im Kollaps instabil werdenden universalen schwarzen Masse vor dem erneuten Urknall. Die im Urknall noch total instabile initiale universale Expansionsenergie wandelt sich dabei zur totalen finalen Stabilität der Rotationsenergie des maximal konzentrierten und maximal hoch rotierenden Universums als Ganzes vor dem erneuten Urknallkollaps.

Die Gesamtheit universaler Massen konzentriert sich zum Ende der universalen Entwicklung in einer Zusammenballung universaler schwarzer Massen. Das sich immer stärker konzentrierende Universum der schwarzen Massen rotiert als Ganzes mit immer extremerer Geschwindigkeit und benötigt dazu exponentiell wachsende Energie. Solange die Zentrifugalenergie und die Zentripetalenergie des sich konzentrierenden Universums ausgeglichen sind, ist das finale Universum stabil. Da bei extrem hoher Rotationsgeschwindigkeit der Energiebedarf für noch höhere Geschwindigkeit exponentiell wächst, kommt irgendwann aber der Punkt, an dem die universale Energie nicht mehr ausreicht, die Stabilität des Universums zu erhalten. Das verbliebene konzentrierte urknallreife Universum der schwarzen Massen ist strahlungsfrei und kann keine zusätzliche Rotationsenergie mehr bereitstellen. Der durch universale Konzentration wachsenden Zentripetalkraft der Gravitation steht keine entsprechend wachsende, die Stabilität aufrechterhaltende Zentrifugalkraft der Rotation mehr gegenüber. Das Universum kollabiert.

In der universalen Entwicklung ist alle Strukturenergie der komplexen Materiesysteme verstrahlt. Die Materie des am Ende der universalen Entwicklung kollabierenden Universums ist auf die Existenz der in universalen schwarzen Massen maximal konzentrierten schwarzen Materie der Urbausteine reduziert. In der Logik des Weltbilds der ungleichen Verteilung müssen im universalen Kollaps die zusammengeballten schwarzen Massen zu einer gigantischen finalen schwarzen Masse kollabieren und in der Instabilität dieser gigantischen schwarzen Masse deren gesamte Energie als Urknall freisetzen. Die freigesetzte universale Energie ist als Rotationsenergie die finale Masseenergie des Universums. Sie ist die Rotationsenergie der in den schwarzen Massen konzentrierten schwarzen Masse der Urbausteine, die erstmals seit der Entstehung der Urbausteine im initialen Universum in der Situation des Urknalls wieder frei wird. Sie ist außerdem die Rotationsenergie der finalen schwarzen Massen, solange diese noch als eigenständige Massen existieren. Und sie ist im Urknallkollaps die Rotationsenergie der Gesamtmasse des Universums als Ganzes.

Die finale schwarze Masse, die im Urknallkollaps ihre Energie freisetzt, ist ein extrem schnell rotierendes Gebilde extrem konzentrierter universaler Masse von gigantischer Dimension. Der Urknall setzt die Gesamtheit der universalen Masseenergie als Expansionsenergie frei. Der Vorgang der Freisetzung einer derart gigantischen schwarzen Masse müsste sich in Computermodellen simulieren lassen, selbst wenn die wirkliche Dimension unseres Universums nicht abschätzbar ist.

Die Logik des Weltbilds der ungleichen Verteilung geht davon aus, dass im universalen Kollaps der schwarzen Massen der Gravitationsdruck auf die konzentrierte, bis dahin strahlungsfreie schwarze Materie der schwarzen Massen so groß wird, dass die Massestabilität der Urbausteine aufgehoben wird. Damit wird die Rotationsstabilität der in der gesamten universalen Entwicklung bis dahin stabilen Rotaquanten aufgehoben und die Rotationsenergie der ultraenergetischen Strahlung, aus der die Urbausteine einmal entstanden sind, wird freigesetzt. Mit der Freisetzung wechselt die Tiefsttemperatur der strahlungsfreien schwarzen Materie der schwarzen Massen zur maximal möglichen Höchsttemperatur ultraenergetischer elektromagnetischer Strahlung. Die Rotationsenergie der konzentrierten Urbausteine der schwarzen Materie wird zur Expansionsenergie des Urknalls.

Die Freisetzung der gesamten universalen Energie im Urknall vollzieht sich in zwei Freisetzungsphasen, wobei die zweite Phase direkt aus der ersten resultiert. Der Zusammenbruch der Stabilität der Urbausteine und die sich daraus ergebende Freisetzung der Rotationsenergie der schwarzen Materie bedeuten in direkter Konsequenz den Zusammenbruch der Stabilität des Universums der gigantischen universalen schwarzen Masse als Ganzes. Damit wird auch die gesamte Zentrifugalenergie der extrem hohen Rotation der universalen Masse freigesetzt. Die Expansionsenergie der aus den Urbausteinen freigesetzten ultraenergetischen Strahlung wird durch die Freisetzung der universalen Rotationsenergie ergänzt. Die sich damit ergebende gesamte Expansionsenergie des Urknalls ist die Gesamtenergie des zyklischen Universums der ungleichen Verteilung. Es liegt nahe, die Freisetzung der im Urknall des Weltbilds freigesetzten zusätzlichen Expansionsenergie der universalen Rotation mit der Vorstellung einer zusätzlichen inflationären Expansion zu verbinden, die in der aktuellen Urknalltheorie angenommen wird. Die Logik des Weltbilds der ungleichen Verteilung könnte eine tatsächliche Erklärung dieses Vorgangs liefern.

Der Ablauf der universalen Entwicklung nach dem Urknall muss im Weltbild der ungleichen Verteilung vergleichbar dem Ablauf der universalen Entwicklung nach dem Urknall des Standardmodells sein. Der entscheidende Unterschied ist die Tatsache, dass es im Weltbild der Philosophie der ungleichen Verteilung keine punktförmige Singularität gibt, sondern dass der Urknall sich in einer maximal konzentrierten universalen Masse von gigantischer Dimension vollzieht. Dies muss die Zeitfolge der bisher angenommenen frühen universalen Entwicklung ganz erheblich verändern. Die Grundsätze der Entwicklung aber sollten vergleichbar sein. Nach der ultrakurzen Phase ultraenergetischer Strahlung, in der die Urbausteine des neuen Universums entstehen, vollziehen sich die Entstehung von Elementarteilchen, die primordiale Nukleosynthese, die Bildung erster Atomkerne und die Entstehung der ersten Atome wie im Urknall des Standardmodells angenommen. Es sprengt die Möglichkeiten der vorliegenden Betrachtung, die Details der frühesten universalen Entwicklung des schon in der Entstehung gigantisch großen Universums der ungleichen Verteilung im Einzelnen erklären zu wollen. Doch müssten hierfür Simulationen durch entsprechende Computermodelle möglich sein.

Die Gleichförmigkeit des Universums erklärt sich im Weltbild der ungleichen Verteilung durch die maximal hohe Rotation des Universums vor und nach dem Urknall.

In der konzentrativen Phase der universalen Entwicklung konzentrieren sich die in der expansiven Phase entstandenen hoch konzentrierten Materiesysteme zunehmend weiter. Neutronensterne und schwarze Massen ziehen einander an und konzentrieren sich innerhalb der Galaxien zu dezentralen schwarzen Massen. Jedes entstehende konzentrierte Materiesystem befindet sich im Gleichgewicht zwischen der gravitativen Zentripetalenergie der konzentrierten Massen und der Zentrifugalenergie der Rotation. Je mehr sich Systeme konzentrieren, umso schneller rotieren sie. Wenn sich in der konzentrativen Phase der Entwicklung schwarze Massen im Verlauf der Entwicklung zu galaktischen und intergalaktischen schwarzen Massen vereinigen, muss jeweils die Rotationsgeschwindigkeit entsprechend wachsen. Am Ende der universalen Entwicklung konzentriert sich im Weltbild der ungleichen Verteilung die Gesamtheit aller schwarzen Massen zu einer gigantischen, maximal schnell rotierenden Zusammenballung universaler schwarzer Massen und schafft damit die Voraussetzung für den erneuten Urknall.

In den ersten Entwicklungsschritten des neu entstehenden Universums muss sich nach der Logik des Weltbilds der ungleichen Verteilung folgender Ablauf vollziehen: In der initialen Energiefluktuation des extrem starken Strahlungsdruckfelds stabilisiert und konzentriert sich ein Teil der Urknallenergie unmittelbar nach dem Urknall durch die Kraft der Auflösungsenergie, die aus der Expansion resultiert, erneut zu den Urbausteinen des neuen Universums. Die Masse der sich bildenden Rotaquanten expandiert. Im initialen extrem starken Expansionsdruckfeld wird die Expansion der Rotaquanten nach der Grundformel der ungleichen Verteilung zur Rotationsexpansion. Das expandierende, aber in den ersten Entwicklungsschritten noch extrem konzentrierte neue Universum beginnt mit dem Urknall entsprechend schnell zu rotieren.

Durch die finale, extrem starke Rotation des Universums der universalen schwarzen Massen ist deren Energie im Augenblick des Urknalls maximal gleichförmig verteilt. Die im Expansionsdruck der Urknallexplosion sofort einsetzende initiale Rotation des neuen Universums bewirkt auch die gleichförmige Verteilung der neu entstehenden universalen Materie. Im Standardmodell der Kosmologie erklärt sich die Gleichförmigkeit des expandierenden Universums durch die Annahme einer kurzzeitigen inflationären Phase der Expansion unmittelbar nach dem Urknall. Im Weltbild der ungleichen Verteilung ergibt sich diese Gleichförmigkeit als Konsequenz aus der extrem starken Rotation sowohl der finalen als auch der initialen universalen Massen.

Die asymptotische Freiheit der Quarks erklärt sich im Weltbild der ungleichen Verteilung durch die rotationsabhängige, massenahe Rotationsgravitation einander umkreisender gleich oder ähnlich großer Massen.

Die Stabilität aller Materiesysteme ergibt sich aus dem Gleichgewicht zwischen der Zentrifugal- und der Zentripetalenergie und damit zwischen der Rotations- und der Gravitationsenergie. In der Logik des Weltbilds der ungleichen Verteilung muss die Kraft der Rotation der Gegenkraft der Gravitation entsprechen. Die rotative Struktur komplexer Materiesysteme insbesondere des Mikrokosmos ist unterschiedlich. Es können sich sehr unterschiedlich schwere und leichte Massen ebenso wie gleich oder ähnlich schwere Massen umkreisen. Jeder Rotationsvorgang erzeugt massenahe Rotationsgravitation, durch die sich die rotierenden Massen gegenseitig anziehen. Die Rotationsgravitation muss sich unterschiedlich danach darstellen, wie das Masseverhältnis der sich umkreisenden Massen ist. Gleich oder ähnlich große Massen haben eine weitaus stabilere Rotation als sehr unterschiedlich große Massen.

Der schwere Atomkern wird von den sehr viel leichteren Elektronen umkreist. Die auf die Elektronen wirkende Kraft der Rotationsgravitation ist durch die geringe Masse der Elektronen beschränkt und es können Elektronen durch Zufuhr von Energie aus dem Atomverband gelöst werden. In der Logik des Weltbilds der ungleichen Verteilung rotieren im Kernbaustein des Protons oder Neutrons nahezu gleichgewichtige Quarks umeinander und erreichen die Stabilität des Kernbausteins durch die Stärke und das hochstabile Gleichgewicht der zwischen ihnen wirkenden Rotationsgravitation.

Denn dem Materiesystem des Atoms zusätzliche Energie zugeführt wird, vergrößert sich die Rotationsenergie eines Elektrons. Das Elektron springt in eine andere Rotationsbahn oder verlässt das Atom. Wenn dem Materiesystem des Kernbausteins, der im Weltbild der ungleichen Verteilung aus drei nahezu gleich schweren, einander extrem schnell umkreisenden Quarks besteht, zusätzliche Energie zugeführt wird, vergrößert sich die Rotationsenergie der ähnlich schweren Quarks. Sie rotieren noch schneller. Die Vergrößerung der Rotationsenergie verstärkt reaktiv die Rotationsgravitation des Systems. Die einander schneller umkreisenden Quarks ziehen einander entsprechend stärker an und die Stabilität des Systems bleibt erhalten. Durch die Zuführung von Energie werden die Quarks nicht im Raum weiter voneinander entfernt, sondern sie rotieren schneller und mit ihrer größeren Rotationsenergie wächst gleichzeitig die Energie ihrer Rotationsgravitation und damit die gegenseitige Anziehungskraft. Die im Standardmodell beschriebene asymptotische Freiheit der Quarks erklärt sich damit im Weltbild der Philosophie als die Verstärkung der extrem hohen rotativen Stabilität des Kernbausteins durch zusätzlich zugeführte Energie.

Die Rotation der Massen bewirkt deren elektrische Ladung, die ihr Vorzeichen als positiv oder negativ durch die Drehrichtung der Rotation in Bezug zur Drehrichtung und damit zur Ladung des ganzen Universums erhält.

In der Logik der Philosophie entsteht mit jeder Rotation von Masse senkrecht zur Rotationsebene ein magnetisches Feld. Das magnetische Feld erzeugt ein elektrisches Feld, das damit parallel zur Rotationsebene besteht. Die Energie des elektrischen Felds ist die elektrische Ladung der rotierenden Masse. Ob die elektrische Ladung positiv oder negativ ist, wird durch die Drehrichtung der rotierenden Masse bestimmt. Energetisch völlig gleiche Massen unterscheiden sich ggf. nur durch eine Tatsache, durch die Drehrichtung ihrer Rotation und das Vorzeichen der daraus resultierenden elektrischen Ladung. Da im Weltbild der ungleichen Verteilung auch die Masse des Universums durch Rotation existiert, hat auch das Universum als Ganzes eine elektrische Ladung.

122

Die Ladungen der Elementarteilchen und aller subuniversalen Massen richten sich in ihrer Drehachse nach der Drehachse des Universums aus. Die rotationsbedingte Ladung des Universums ist im frühesten Entwicklungsstadium wegen der Stärke der Rotation des noch hochdichten Universums extrem hoch. Je nach Drehrichtung der Rotation haben die Elementarteilchen und komplexeren subuniversalen Massen eine elektrische Ladung, die gleich oder ungleich der Drehrichtung und der Ladung des Universums ist. Elektrische Ladungen sind positiv oder negativ. Wenn die Ladung des Universums als negativ verstanden wird, hat damit jede universale Masse, die in gleicher Drehrichtung wie das Universum rotiert, eine negative elektrische Ladung. Massen, die entgegengesetzt rotieren, haben eine positive elektrische Ladung.

Die elektrische Ladung einer Masse stellt sich als eine durch die Drehrichtung ihrer Rotation festgelegte Qualität der Masse dar. Die Stärke der elektrischen Ladung wird durch die Stärke der Rotation bestimmt. Durch die extrem hohe, der Lichtgeschwindigkeit nahe Rotation der Massen des Mikrokosmos wird hier die elektrische Ladung zur wichtigen Größe der Wechselwirkung der Teilchen. Die Massen des Mikrokosmos werden absolut überwiegend durch die Stärke der Rotation und nur in geringem Maß durch die Masse des rotierenden Systems bestimmt. Da auch die im Nahbereich extrem starke massenahe Rotationsgravitation der Teilchen durch die Stärke der Rotation bestimmt wird, bestimmen damit die Rotationsgravitation und die elektrische Ladung gemeinsam maßgeblich jede Wechselwirkung im Mikrokosmos. Die Energie der massenahen Rotationsgravitation muss dabei als direkt wechselwirkende Energie erheblich größer sein als die Energie der elektrischen Ladung, die sich nur mittelbar als elektrisch anziehende oder abstoßende Qualität der Rotation darstellt.

Im Weltbild der ungleichen Verteilung wird die energetische Existenz und Wechselwirkung der Teilchen im Mikrokosmos durch die Rotationsenergie, die Energie der massenahen Rotationsgravitation, die elektrische Ladung, die bei konzentrativen Wechselwirkungen frei werdende Bindungsenergie und die bei expansiven Wechselwirkungen frei werdende Auflösungsenergie bestimmt. Die universale Gravitation ist wegen der geringen Masse der Teilchen unmessbar klein und hat keinen messbaren Einfluss auf deren Existenz und deren Wechselwirkungen. Die Kräfte, die die energetische Existenz der Teilchen des Mikrokosmos bestimmen, sind die die Rotation bestimmende Exkraft, die massenahe Rotationsgravitation und die elektromagnetische Kraft.

Im Makrokosmos wird die Wechselwirkung der Massen fast ausschließlich durch die Größe der Massen und nur marginal durch die Stärke der Rotation bestimmt. Sowohl die massenahe Rotationsgravitation als auch die elektrische Ladung der Massen des Makrokosmos erscheinen für deren Wechselwirkung im Raum des expandierten Universums unbedeutend. Im initialen und im finalen Universum ist die elektrische Ladung des Universums als Ganzes durch die hohe Rotation und den gering dimensionierten Raum in diesen Entwicklungsphasen sehr groß. Das finale maximal rotierende Urknalluniversum der schwarzen Massen hat damit durch seine hohe Rotation maximale elektrische Ladung. Gleiches trifft für das aus dem Urknall hervorgehende neue Universum in dessen erster Entwicklungsphase zu.

Bei der Entstehung der frühen Massen im initialen Universum ist der Einfluss der starken universalen elektrischen Ladung auf die Entstehung der Teilchen des Mikrokosmos entsprechend groß. Die Teilchen müssen in ihrer Drehachse sehr viel direkter durch die Rotation des Universums bestimmt sein, als dies bei den universalen Massen in der expansiven universalen Entwicklung der Fall ist. Im starken elektrischen Feld der beginnenden universalen Expansion richten die entstehenden Urbausteine und die sich daraus bildenden Elementarteilchen ihre Drehachsen und damit ihr elektrisches Feld entsprechend der Drehachse des jungen Universums aus. Dabei haben die in gleicher Drehrichtung rotierenden Teilchen ein gleiches und die in entgegengesetzter Drehrichtung rotierenden Teilchen ein entgegengesetztes elektrisches Feld. Im Makrokosmos des

124

Weltbilds der ungleichen Verteilung entsprechen die Drehachsen der
Sterne und Galaxien zwar überwiegend der Drehachse des Universums,
es gibt aber auch erhebliche entwicklungsbedingte Abweichungen.

*Im Weltbild der ungleichen Verteilung erklärt sich die Herkunft der uni-
versalen Materie daraus, dass bei der Annihilation frühester Materie alle
Urbausteine erhalten bleiben, deren Ladung miteinander und mit der
Ladung des frühesten Universums gleichgerichtet ist.*

Die Urbausteine als früheste, nicht komplexe Teilchen des Mikrokosmos
werden in ihrer Wechselwirkung durch ihre Rotationsgravitation und
durch die aus ihrer Rotation resultierende elektrische Ladung bestimmt.
Die elektrische Ladung hat durch die unbegrenzte Reichweite der elektromagnetischen Wechselwirkung Einfluss auf die Wechselwirkung der
Urbausteine auch über den extremen Nahbereich hinaus. Durch ihre
elektrische Ladung ziehen die Teilchen einander an oder stoßen sich
gegenseitig ab. Zusätzlich bestimmt die im extremen Nahbereich extrem
starke massenahe Rotationsgravitation die gravitative Wechselwirkung
der Teilchen untereinander. Sofern die Teilchen elektrisch ungleich geladen sind und durch die daraus resultierende gegenseitige Anziehung
einander im frühesten, hochexpansiven Universum so nahe kommen,
dass ihre massenahe Rotationsgravitation wirksam wird, annihilieren sie.
Sofern sie gleichgerichtet geladen sind, stoßen sie einander ab und bleiben
bestehen. Sie werden partiell zu Bausteinen komplexer Materiesysteme
oder verbleiben singulär als Teilchen schwarzer Materie.

Urbausteine, die nicht miteinander annihilieren, wechselwirken im frühesten, extrem stark elektrisch geladenen Universum auch mit dem Universum selbst. Wenn die Ladung der Urbausteine gleich der Ladung des
Universums ist, stoßen sie sich gegen die universale Ladung ab und bleiben erhalten. Wenn die Ladung aufgrund entgegengesetzter Rotations-
richtung entgegengesetzt ist, hebt sich die Ladung der Urbausteine gegen
die Ladung des Universums auf. Die Energie des Urbausteins wird freige-

setzt und verstärkt die Energie des Expansionsdruckfelds. Durch diesen Vorgang bleiben in der universalen Entwicklung all die Urbausteine als Bausteine komplexer Materie oder als singuläre Teilchen schwarzer Materie erhalten, die untereinander gleichgerichtet geladen sind und deren Ladung mit der Ladung des Universums gleichgerichtet ist.

In der aktuellen Kosmologie ist der Grund des Überschusses von Materie gegenüber Antimaterie, der mit etwa einem Teilchen Überschuss auf eine Milliarde Teilchen-Antiteilchen-Paare angenommen wird, ungeklärt. Damit bleibt die Herkunft der universalen Materie in ihrer Gesamtheit ungeklärt. Im Weltbild der ungleichen Verteilung versteht sich die Herkunft der universalen Materie dadurch, dass ein erheblicher Teil der Urbausteine im frühesten Universum nicht annihiliert. Im frühesten Universum annihilieren alle Urbausteine, die einander entgegengesetzt geladen sind. Außerdem heben sich die Ladung und damit die Existenz der verbleibenden Urbausteine gegen die Ladung des Universums auf, soweit ihre Ladung der Ladung des frühesten Universums entgegengesetzt ist. Alle Urbausteine, die untereinander und mit dem frühesten Universum gleich geladen sind, bleiben aber erhalten. Sie sind die Bausteine der Entstehung, Existenz und Wechselwirkung der gesamten universalen Materie der universalen Entwicklung. Rein rechnerisch bleibt im Weltbild der ungleichen Verteilung nach der Wahrscheinlichkeitsrechnung ein Viertel der insgesamt entstehenden Urbausteine als Bausteine der universalen Materie erhalten.

In der Logik des Weltbilds der ungleichen Verteilung ist das kleinste stabile komplexe Materiesystem das aus zwei in gleicher Drehrichtung rotierenden gleich großen Subsystemen gebildete Elektron.

Das kleinste elektrisch geladene komplexe Materiesystem ist, wenn es negativ geladen ist, das Elektron. Es muss in der Logik des Weltbilds der ungleichen Verteilung aus mindestens zwei miteinander rotierenden gleich großen Subsystemen bestehen und ist damit hochstabil. Wenn die

Drehrichtung des Systems der Drehrichtung des als elektrisch negativ qualifizierten Universums entspricht, ist das kleinste elektrisch geladene komplexe Materiesystem ein Elektron, wenn es in der Gegenrichtung rotiert, ist es ein Positron.

Zwei Elektronen stoßen sich gegeneinander und gegen die Ladung des Universums ab. Sie bleiben als Elektronen existent. Zwei Positronen haben positive Ladung und stoßen sich ebenfalls gegenseitig ab. Sie ziehen sich aber mit der negativen Ladung des Universums an und müssen damit ihre Ladung im frühen, hochdichten Universum, soweit sie nicht schon mit Elektronen annihilieren, gegen die in dieser Phase starke elektrische Ladung des Universums aufheben und ihre Energie wieder als Strahlung freisetzen. Im expandierten Universum können Positronen sich nicht mehr gegen die Ladung des negativen Universums aufheben, weil dessen Ladungsenergie zu gering ist. Sie können aber trotzdem nur vorübergehend existieren, weil sie kurzzeitig mit Elektronen annihilieren.

Das aus zwei gleichen, miteinander rotierenden Massen gebildete Elektron ist hochstabil. Wenn man dem System zusätzliche Energie zuführen könnte, würde sich, ähnlich der Stabilität des Protons, die Rotationsgravitation des Elektrons erhöhen und die Subsysteme würden einander noch stärker anziehen. Eine Auflösung des Elektrons in seine beiden Subsysteme kann es – unter der Freisetzung höchstenergetischer Strahlung – nur in extremsten Ereignissen wie z. B. dem einem Gammablitz zugrunde liegenden Ereignis geben, in dem sich nach der Logik des Weltbilds der ungleichen Verteilung auch die Kernbausteine auflösen müssen.

Bekanntlich haben nicht alle Teilchen des Mikrokosmos eine elektrische Ladung. Manche sind ladungsneutral. In der Logik des Weltbilds der ungleichen Verteilung entsteht ein neutrales Teilchen dadurch, dass zwei oder eine größere gleiche Zahl von Subsystemen gegenläufig in einem gemeinsamen Materiesystem rotieren. Die rotationsbedingten elektrischen Ladungen heben sich damit im Ergebnis gegenseitig auf. Bei Wechselwirkungen mit Strahlungsquanten oder anderen Teilchen können die Existenz und die Rotation von Subsystemen so verändert oder aufgehoben werden, dass das Produkt der Wechselwirkung positive oder negative Ladung bekommt. Das kleinste detektierbare komplexe elektrisch neutrale Teilchen muss auch im Weltbild der ungleichen Verteilung das Elektron-Neutrino sein.

Jedes im Universum emittierte Photon verstärkt das sich um alle Massen krümmende Strahlungsdruckfeld des universalen Raums und damit gleichzeitig das sich um alle Massen krümmende Anziehungskraftfeld der universalen Gravitation.

Die Energie des universalen elektromagnetischen Strahlungsdruckfelds wird in der Entwicklung des Universums durch das Ereignis des Urknalls freigesetzt, in der Rotationsstabilität der universalen Massen gebunden und bei der Konzentration der Materiesysteme erneut freigesetzt. Die Energie des universalen Strahlungsdruckfelds ist in der gesamten universalen Entwicklung die Energie aller nicht in universaler Materie gebundenen Photonen.

In der Logik des Weltbilds der ungleichen Verteilung verlassen die Photonen der Strahlung nicht den rotationsstabilen Raum des Universums. Sie SIND der universale Raum. Die Massen des Universums rotieren und expandieren im universalen Kraftfeld elektromagnetischer Strahlung, das sich in der universalen Entwicklung bis zur Erreichung des kosmischen Maximums permanent ausdehnt. Im universalen Strahlungsdruckfeld kann keine Strahlungsrichtung ausgezeichnet sein. Das universale Kraftfeld elektromagnetischer Strahlung ist isotrop. Im isotropen Kraftfeld elektromagnetischer Strahlung, das bis zum kosmischen Maximum der Expansion expandiert, entstehen, rotieren und wechselwirken die Massen des Universums.

Sobald in der universalen Entwicklung Massen entstehen, wird die elektromagnetische Energie der Strahlung durch diese Massen abgelenkt und krümmt sich damit im universalen Raum um jede Masse entsprechend deren Größe. Das zwischen zwei Massen existente Strahlungskraftfeld krümmt sich zu beiden Massen hin. Durch die einander abgewandte Krümmung zwischen den Massen entsteht ein negatives Strahlungsvakuum, das die Massen auseinanderdrückt. Das Universum der ungleichen Verteilung stellt sich damit als das allumfassendes Strahlungsdruckfeld elektromagnetischer Strahlung dar, das sich um alle universalen Massen entsprechend deren Größe krümmt. Der negative Vakuumdruck des universalen Raums, der durch die massebezogene Krümmung des Kraftfelds entsteht, expandiert die Massen gegeneinander. Jedes in der universalen Entwicklung – wodurch auch immer – emittierte Photon verstärkt das universale Strahlungsdruckfeld und damit das Kraftfeld negativer Vakuumenergie. Jedes durch Strahlung existente Photon trägt damit bis zum Erreichen des kosmischen Maximums der Expansion dazu bei, die universalen Massen und damit den Raum des Universums zu expandieren.

In der endlichen universalen Entwicklung der ungleichen Verteilung steht der Exkraft der Expansion und Rotation die gleich große Gegenkraft der Gravitation gegenüber. Die kinetische Energie der Exkraft realisiert sich als Expansionsenergie des universalen Strahlungsdruckfelds und als die Rotations- und damit Zentrifugalenergie der universalen Massen. Die potentielle Energie der Gravitation realisiert sich als die Lageenergie der universalen Massen im expandierenden Universum und als die Gravitations- und damit Zentripetalenergie aller rotationsstabilen Massen. Die totale universale Exkraftenergie und die totale universale Gravitationsenergie sind in der universalen Entwicklung bis zum Urknallkollaps gleich. Die Exkraftenergie der Rotation der Massen ist gleich der die Rotation stabilisierenden Gravitationsenergie der Massen. Die Expansionsenergie des universalen Strahlungsdruckfelds ist gleich der gravitativen Lageenergie der expandierten Massen.

Das Strahlungsdruckfeld kinetischer Expansionsenergie krümmt sich um alle universalen Massen und bewirkt durch den damit entstehenden negativen Vakuumdruck die Expansion der Massen. Das mit der Ansammlung der gravitativen Lageenergie in den expandierenden Massen entstehende universale Anziehungskraftfeld potentieller Gravitationsenergie krümmt sich in gleicher Weise um alle universalen Massen und strukturiert damit die gegenseitige Anziehung aller Massen. Die in der Relativitätstheorie begründete Krümmung des Raums um jede Masse ergibt sich im Weltbild der ungleichen Verteilung als die massebezogene Krümmung der universalen Gravitation. Die Energie jedes in der universalen Entwicklung emittierten Photons verstärkt vom Urknall bis zum kosmischen Maximum die Expansion und verstärkt gleichzeitig die gravitative Anziehung aller universalen Massen. Das Strahlungsdruckfeld ist das Kraftfeld negativer Vakuumenergie. Das Kraftfeld der Gravitation ist das Kraftfeld der Konzentrationsenergie des Raums und damit der Anziehungskraft der Massen.

In der Kräftefluktuation der ungleichen Verteilung ist das Photon ein Quant kinetischer Energie der Expansion und das Graviton ein Quant potentieller Energie der Konzentration.

Das Photon ist das Energiequant der Expansion. Das Graviton ist im Weltbild der ungleichen Verteilung das energetisch gleiche Energiequant der Konzentration. Mit jedem freigesetzten Quant kinetischer Exkraftenergie elektromagnetischer Strahlung, mit jedem Photon, realisiert sich ein energetisch identisches Quant potentieller Gravitationsenergie, ein Graviton. In jeder Wechselwirkung, in der ein Photon als Quant elektromagnetischer Expansionsenergie Expansionsdruck erzeugt, realisiert sich ein Graviton als Energiequant der Anziehungskraft der durch das Photon expandierten Massen. Jede freigesetzte expansive Strahlungsenergie realisiert sich in der universalen Selbstverstärkung der Kräfte als Exkraftenergie der Rotation – von der Rotation des Urbausteins bis zur Rotation des Universums. Jede reaktiv angesammelte Konzentrationsenergie realisiert sich als gleich große Gravitationsenergie der durch Rotation entstehenden Masse. Die kinetische Rotationsenergie der Exkraft und die potentielle Konzentrationsenergie der Gravitation bestimmen die Entstehung und Existenz jeder universalen Masse vom Rotaquant und Elementarteilchen des Mikrokosmos bis zum Stern, zur Galaxie und zum Universum als Ganzem. Wenn Expansions- und Konzentrationsenergie sich mit einem Mal ausgleichen würden, wären alle Kräfte und Energien und alle Massen des ganzen Universums der ungleichen Verteilung nur Nichts.

In der Realität der universalen Entwicklung ist das Photon das Energiequant elektromagnetischer Strahlung, deren Energie sich im Vollzug der universalen Entwicklung von der maximalen Frequenz ultraenergetischer Urknallstrahlung bis zur minimalen Frequenz langwelliger Radiostrahlung verändert. Mögliche Wechselwirkungen des Photons werden durch dessen individuelle Strahlungsenergie bestimmt. Jede Wechselwirkung des Photons ist als Wechselwirkung kinetischer Exkraftenergie eine Aktion im Vollzug der universalen Entwicklung. Das Graviton ist das Energiequant potentieller Reaktion. Das Photon als Quant kinetischer Exkraftenergie bewirkt den Vollzug des Ausgleichs der die universale Entwicklung bewirkenden Spannung. Das Graviton als Quant potentieller Gravitationsenergie bewirkt die Entstehung erneuter Spannung und schafft damit die Voraussetzung für die weitere universale Entwicklung.

Jede im Universum freigesetzte elektromagnetische Strahlung verstärkt mit jedem emittierten Photon das expansive universale Strahlungsdruckfeld und expandiert damit die im Universum vorhandenen Massen gegeneinander. Mit jedem als kinetische Exkraftenergie emittierten Photon entsteht ein Graviton als potentielle Gravitationsenergie. Die kinetische Exkraftenergie expandiert die universalen Massen. Die potentielle Gravitationsenergie speichert sich als Lageenergie der expandierten Massen. Jede universale Masse erfährt im universalen Rotationsdruckfeld kinetischer Exkraftenergie einen Expansionsdruck gegenüber allen anderen Massen. Jede Masse erfährt gleichzeitig im universalen Kraftfeld potentieller Gravitationsenergie eine Anziehungskraft gegenüber allen anderen Massen.

Solange in der universalen Entwicklung der Expansionsdruck größer ist als die Anziehungskraft der Massen, expandiert das Universum. Der Expansionsdruck ist so lange größer, wie der Druck noch durch freigesetzte Strahlung anwächst und die universalen Massen noch nicht entsprechend der Stärke des Drucks ausgeglichen expandiert sind. Sobald sich das Strahlungsdruckfeld und das Gravitationsfeld ausgleichen, ist das kosmische Maximum der Expansion erreicht und das Universum beginnt sich wieder zu konzentrieren. Das Photon ist als Quant kinetischer Energie durch seine Wechselwirkung in der universalen Entwicklung direkt als Teilchen erkenn- und definierbar. Das Graviton ist als Quant potentieller Energie als Teilchen nur indirekt durch das Ergebnis der von ihm verursachten Wechselwirkung erkenn- und definierbar.

Der Urknall vollzieht sich, wenn die Gravitationsenergie des sich konzentrierenden Universums der schwarzen Massen so groß wird, dass der exponentiell steigende Energiebedarf der Rotation nicht mehr gedeckt ist.

Der Urknall bedeutet das Ende des energetischen Gleichgewichts und damit der totalen Stabilität der finalen universalen schwarzen Massen. Das endliche Universum der ungleichen Verteilung hat sein Ende erreicht. In der Logik des Weltbilds wird der Urknall dadurch ausgelöst, dass das energetische Gleichgewicht zwischen der wachsenden Gravitationsenergie der sich konzentrierenden universalen schwarzen Massen und der Rotationsenergie des finalen Universums nicht mehr gegeben ist. Die Energiebilanz der universalen Rotations- und Gravitationsenergie ist in der gesamten universalen Entwicklung ausgeglichen. Erst zum Ende der Entwicklung entsteht die Schere der energetischen Entwicklung, die zum Kollaps des energetischen Gleichgewichts und damit zum Urknall führt. Die Konzentration des Universums der schwarzen Massen verstärkt sich in der finalen Entwicklung immer mehr. Die universale Gravitation der sich konzentrierenden schwarzen Massen wird immer stärker. Gleichzeitig wird, je mehr sich die Massen einander nähern, zunehmend auch die massenahe Rotationsgravitation der extrem schnell rotierenden Massen wirksam. Mit der sich verstärkenden Konzentration muss sich auch die Gravitationsenergie des finalen Universums exponentiell verstärken.

Das energetische Gleichgewicht wird zunächst noch dadurch gewahrt, dass die Bindungsenergie, die durch die Konzentration freigesetzt wird, die Rotation des finalen Universums immer weiter verstärkt. Je höher aber die Rotationsgeschwindigkeit wird, umso größer wird der Energiebedarf für eine noch weitere Verstärkung der Rotation. Je schneller das finale Universum rotiert, umso mehr nähert sich die Rotationsgeschwindigkeit der Lichtgeschwindigkeit und umso exponentiell mehr Energie wird für eine noch weitere Erhöhung der Rotationsgeschwindigkeit benötigt. Als Rotationsenergie steht nur die Gesamtheit der in der universalen Entwicklung freien Strahlungsenergie zur Verfügung, die im finalen Universum ausschließlich zur Rotationsenergie geworden ist. Wenn die wachsende Konzentration des finalen Universums nicht mehr durch freigesetzte Bindungsenergie den exponentiell wachsenden Bedarf an Rotationsenergie decken kann, bricht das energetische Gleichgewicht zusammen und das finale Universum kollabiert zum Urknall.

Mit der Entwicklung des Drehimpulses der universalen Rotation erklärt sich die Entwicklung der universalen Expansion ohne die Annahme der Existenz dunkler Energie.

Im Urknall ist die initiale Energie des endlichen Universums die Expansionsenergie elektromagnetischer Strahlung. In der universalen Entwicklung wird Strahlungsenergie als die Rotationsenergie der Hierarchie der subuniversalen Massen stabilisiert. Freie, nicht in subuniversalen Materiesystemen gebundene Expansionsenergie elektromagnetischer

Strahlung realisiert sich als die Rotationsenergie der Masse des Universums als Ganzes. Die offene Rotation des Universums expandiert die subuniversalen Massen und damit das Universum. Die universale Energie, die in der Rotation der subuniversalen Massen stabilisiert ist, steht, solange die Massen existieren, nicht zur universalen Rotation und Expansion zur Verfügung.

Im Entwicklungsablauf des Universums verändert sich der Anteil der in der Rotationsstabilität der subuniversalen Massen gebundenen und der die universale Rotation und damit Expansion bewirkenden Strahlungsenergie. In den ersten Entwicklungsschritten des Universums nach dem Urknall bindet sich ein erheblicher Teil der initialen Strahlungsenergie in den Urbausteinen und Elementarteilchen der universalen Materie. Aus den Urbausteinen und Elementarteilchen entstehen komplexere Materiesysteme und binden bei ihrer Entstehung weitere Strahlungsenergie als die Rotationsenergie der Systeme. Damit wird insgesamt ein zunächst wachsender Anteil der Strahlungsenergie in der Existenz universaler Materie gebunden. Die sich nicht bindende Strahlungsenergie wird zur Rotationsenergie des offen rotierenden Universums, das damit expandiert. In der Logik des Weltbilds der ungleichen Verteilung muss der Anteil der in den subuniversalen Materiesystemen gebundenen Strahlungsenergie in der ersten Entwicklung des Universums bis zu einem Maximum wachsen. Der Anteil der die Rotation und Expansion des Universums bewirkenden Energie muss sich entsprechend verringern.

Die universale Entwicklung steht unter dem Entwicklungsziel, aus der maximalen initialen Expansion die maximale finale Konzentration zu erreichen. Die zu Beginn der Entwicklung gering konzentrierte Materie muss sich, um dieses Ziel zu erreichen, im Verlauf der universalen Entwicklung permanent immer mehr konzentrieren. Bei jedem Vorgang der Konzentration von Materie wird Bindungsenergie freigesetzt. Damit entsteht eine gegenläufige Entwicklung. Die sich in der Rotationsstabilität entstehender Materiesysteme bindende Energie vermindert die Energie des universalen Strahlungsdruckfelds. Die bei der Konzentration stabiler Systeme wieder freigesetzte Bindungsenergie vergrößert die Energie des Strahlungsdruckfelds. Irgendwann in der expansiven Phase der universalen Entwicklung wird der Punkt erreicht, ab dem die frei werdende Bindungsenergie größer wird als die sich in der Rotationsstabilität der Systeme bindende Energie des Strahlungsdruckfelds. Ab diesem Punkt muss sich die Expansion des Universums beschleunigen.

Im Urknall ist die gesamte universale Energie des initial expandierenden Universums die Energie des universalen Strahlungsdruckfelds. Im kosmischen Maximum der Expansion ist die universale Energie im Gleichgewicht der maximal expandierten universalen Rotationsenergie und der in den subuniversalen Massen gebundenen Strahlungsenergie. Die subuniversalen Massen sind im kosmischen Maximum der Expansion bereits extrem hoch konzentriert und maximal expandiert. In den finalen universalen schwarzen Massen vor dem erneuten Urknall ist die Gesamtheit der universalen Energie die Energie des maximal konzentrierten Universums der maximal konzentrierten schwarzen Massen. Dazwischen ergibt sich eine Entwicklungskurve universaler Expansion und Konzentration vom Urknall zum kosmischen Maximum der Expansion und wieder zum Urknall. Die Kurve universaler Expansion wird davon bestimmt, wie groß im Ablauf der expansiven Phase der universalen Entwicklung der Anteil der in der Rotation des Universums als Ganzes realisierten elektromagnetischen Strahlungsenergie an der gesamten universalen Energie zum jeweiligen Zeitpunkt ist. Der maximale Anteil der universalen Rotationsenergie an der Gesamtenergie ist mit dem kosmischen Maximum der Expansion erreicht.

Die nicht in subuniversalen Massen gebundene, freie Strahlungsenergie ist – und bleibt dies auch bis zum erneuten Urknall – die universale Rotationsenergie, die sich im Drehimpuls des rotierenden Universums manifestiert. Vom ersten Entwicklungsschritt bis zur Erreichung des kosmischen Maximums der Expansion sammelt sich jede freie Energie elektromagnetischer Strahlung, die sich nicht in der Rotation subuniversaler Massen stabilisiert, als Rotationsenergie des expandierenden Universums an und kumuliert damit zur Energie des universalen Drehimpulses. Solange dies geschieht, expandiert das Universum durch seine offene Rotation in dem Umfang, in dem der Drehimpuls wächst. Wenn keine frei werdende Strahlungsenergie mehr für die rotative universale Expansion zur Verfügung steht, ist mit dem kosmischen Maximum der Expansion der maximale Drehimpuls des Universums erreicht. Das Universum beginnt sich in seiner jetzt konzentrativen Entwicklung wieder zu konzentrieren. Der Drehimpuls bleibt auf seinem höchsten Stand gleich. Mit wachsender Konzentration rotiert das Universum bei gleich bleibendem Drehimpuls immer schneller, bis es zum erneuten Urknall kollabiert.

Die Energie des bis zur Erreichung des kosmischen Maximums wachsenden universalen Drehimpulses stellt sich als die Gesamtheit der die rotative Expansion des Universums bewirkenden Energie dar, die nicht in der Existenz subuniversaler Massen gebunden ist. Die Energie des jeweils aktuellen Gesamtdrehimpulses des Universums ist die Gesamtheit aller Energie elektromagnetischer Strahlung, die sich seit dem Urknall in der offenen, expansiven Rotation des Universums angesammelt hat. Jede in der Entwicklung freigesetzte Strukturenergie von Materiesystemen verstärkt den Drehimpuls und damit die bereits vorhandene Rotationsenergie und damit die universale rotative Expansion so lange, bis das kosmische Maximum der Expansion erreicht ist. Das entwicklungsabhängige Wachsen des Drehimpulses und damit die Veränderung der universalen Expansion hängen zu jedem Zeitpunkt bis zur Erreichung des kosmischen Maximums der Expansion vom Umfang der in jeder Entwicklungsphase freigesetzten elektromagnetischen Strahlung ab.

In der ersten Phase der universalen Entwicklung wird die Expansion des Universums dadurch bestimmt, dass ein wachsender Anteil der universalen Strahlungsenergie in der Rotationsstabilität der subuniversalen

Massen gebunden ist und nur der nicht gebundene Teil der Strahlungsenergie für die Rotation und Expansion des Universums zur Verfügung steht. Sobald der Punkt erreicht ist, ab dem die frei werdende Bindungsenergie größer wird als die sich in der Rotation von subuniversalen Materiesystemen bindende Strahlungsenergie, beschleunigt sich die universale Expansion mit dem verstärkt wachsenden Drehimpuls. Die Logik des Weltbilds der ungleichen Verteilung bedarf dabei keiner zusätzlichen dunklen Energie, um zu irgendeinem Zeitpunkt die Expansion des Universums zu erklären.

Eine Hypothese des Weltbilds: Die Endlichkeit des Universums erklärt sich durch dessen sich wiederholende Existenz als eines von unzählig vielen im Multiversum der ungleichen Verteilung existenten Universen.

Es ist eine in der Logik des Weltbilds mögliche, aber durch nichts belegbare Annahme, dass das Universum im hierarchisch noch höheren System eines rotierenden Multiversums mit anderen Universen wechselwirken könnte. Nur wenn wir die Ruhemasse und die Rotationsgeschwindigkeit des Universums als Ganzes bestimmen könnten, würde es sich zeigen, ob sich die Größe der universalen Gravitation aus der Masse und der Rotation des Universums ergibt oder ob die universale Gravitation der universalen Massen vielleicht die multiversale Gravitation eines rotierenden Multiversums mit vielleicht Milliarden Universen ist.

Im Weltbild der ungleichen Verteilung entsteht aus der ewig endlosen Kräfte- und Energiefluktuation der ungleichen Verteilung durch die Selbstverstärkung der Ungleichheit die endliche Existenz einer universalen Entwicklung. Die Endlichkeit universaler Entwicklung bedeutet die Endlichkeit universaler Energie. Der Vorgang der Selbstverstärkung bedingt, dass die Selbstverstärkung zur endlichen universalen Entwicklung nicht die totale Unendlichkeit der Energiefluktuation der ewig endlosen ungleichen Verteilung, sondern nur einen endlichen Ausschnitt aus der Unendlichkeit der Fluktuation betreffen kann. Selbstverstärkung könnte sich immer nur in einem begrenzten Teilbereich der Unendlichkeit der ungleichen Verteilung vollziehen. Wenn Selbstverstärkung nur einen Teilbereich der Unendlichkeit betreffen könnte, dann müsste sie auch andere Teilbereiche betreffen können. Die Logik des Weltbilds der ungleichen Verteilung lässt offen, ob der Vorgang der zur universalen Entwicklung führenden Selbstverstärkung in der Unendlichkeit der Kräfte- und Energiefluktuation einzig sein kann. Dies bedeutet, dass unser Universum auch eines von unzählig vielen sein kann, von denen jedes einzelne sich aus einem Vorgang der Selbstverstärkung der Ungleichheit ergibt.

Die Existenz eines Sterns ist endlich. Er endet, wenn er die richtige Größe hat, in einer Supernova und danach direkt oder indirekt in einer schwarzen Masse. Auch die Existenz einer Galaxie ist im Weltbild der ungleichen Verteilung endlich. Und auch sie muss in der universalen Entwicklung in einer gigantischen galaktischen schwarzen Masse enden. Das Universum besteht aus Galaxien, Galaxienhaufen und Superhaufen und endet im Weltbild dieser Philosophie in der finalen universalen schwarzen Masse, in der alle Energie des Universums konzentriert ist und die im Kollaps des Urknalls zum neuen Universum wird. So wie sich eine Galaxie aus Milliarden von Sternen und das Universum aus Milliarden von Galaxien zusammensetzen, könnte das Multiversum in einer aus dem Weltbild der ungleichen Verteilung abgeleiteten Hypothese vielleicht aus Milliarden von Universen bestehen. Jedes Universum würde sich mit jedem Urknall erneuern. Aus der Sicht des Multiversums wäre dann jeder universale Urknall so etwas wie eine universale Supernova.

Wir werden nie in der Lage sein, den Sinngehalt einer solchen Hypothese überprüfen zu können. Es bietet sich aber an, die Grundformel der ungleichen Verteilung und die aus der Grundformel resultierende Logik von der ewigen Kräfte- und Energiefluktuation auf die Ebene der Universen zu übertragen. Vielleicht ist die Existenz eines ganzen Universums, wie es das Weltbild dieser Philosophie beschreibt, nur ein einziger

Fluktuationsvorgang in der ewig endlosen Fluktuation der ewig endlosen ungleichen Verteilung. Das Multiversum hätte dann keinen Anfang und kein Ende. Und wenn die Energien der multiversalen ungleichen Verteilung sich je ausgleichen würden, dann gäbe es keine ungleiche Verteilung mehr und dann wäre auch das ewig endlose Multiversum nur einfach ewig endloses Nichts.

Die Selbstverstärkung der Ungleichheit bewirkt die Entstehung universaler Materiesysteme in der Selbstorganisation der universalen Entwicklung auf der Grundlage der Wahrscheinlichkeit von Entwicklungsabläufen.

Mit dem Urknall entstehen die Rotaquanten als die kleinsten Materiebausteine des neuen Universums. Die Rotaquanten sind ungleich verteilt. Ihre weitere Entwicklung erfolgt nach der Wahrscheinlichkeit möglicher Entwicklungsvorgänge. Sie annihilieren oder sie werden im frühen universalen Rotationsdruckfeld zu Bausteinen komplexerer Materiesysteme oder sie verbleiben als schwarze Materie, die nur gravitativ wechselwirkt. Welche und wie viele Rotaquanten welche Entwicklung nehmen, entscheidet sich nach der durch die ungleiche Verteilung bestimmten Wahrscheinlichkeit.

In der universalen Selbstorganisation und Selbstoptimierung entstehen mit der durch die ungleiche Verteilung bestimmten Wahrscheinlichkeit aus Rotaquanten im Ablauf der universalen Entwicklung Elementarteilchen, Kernbausteine und Atome. Im Weltbild der Philosophie bilden sich alle Materiesysteme des Mikrokosmos in der Selbstorganisation und der Selbstoptimierung der universalen Entwicklung maßgeblich nach dem Gesetz der Wahrscheinlichkeit. Dabei wächst die nach kausalen Gesetzen entstehende Vorhersehbarkeit und Berechenbarkeit der universalen Entwicklung mit der Komplexität der Systeme. Während das Schicksal eines einzelnen Urbausteins nicht kausal berechenbar ist, unterliegt die Wechselwirkung stabiler Atome schon klar formulierten Gesetzmäßigkeiten.

Je komplexer ein Materiesystem wird, umso mehr verwandelt sich das
Wahrscheinlichkeitsprinzip der ungleichen Verteilung in die Kausali-
tät berechenbarer Entwicklungsabläufe. In den Materiesystemen des
Makrokosmos ist die Wahrscheinlichkeit messbarer und berechenbarer
Gesetzmäßigkeiten so extrem hoch, dass sich die Wechselwirkungen und
die Entwicklungen der Materiesysteme eindeutig durch die Naturgesetze
der Physik bestimmen lassen. Die nicht kausale Wahrscheinlichkeit der
Entwicklung von Urbausteinen wird in den Materiesystemen und ihren
Wechselwirkungen im Makrokosmos zur naturgesetzlichen Sicherheit
der Entwicklung. Die durch die Kräfte- und Energiefluktuation der
ungleichen Verteilung im Mikrokosmos bedingte Unbestimmbarkeit
konkreter einzelner Entwicklungsabläufe wird im Makrokosmos zur
kausalen, berechenbaren, durch das Prinzip der Selbstorganisation und
der Selbstoptimierung bestimmten Eindeutigkeit der endlich universalen Existenz.

*Schlüssige Logik verbindet die ewig endlose Kräftefluktuation der unglei-
chen Verteilung durch das Phänomen der Selbstverstärkung mit der Gravitationsphysik des Weltbilds zur »Quantengravitation« des Weltbilds
der ungleichen Verteilung.*

Die ewig endlose ungleiche Verteilung stellt sich als ewig endlose Kräfte-
und Energiefluktuation von Expansion und Konzentration dar, deren
Motor und Ziel der nie erreichbare Ausgleich der Ungleichheit der ungleichen Verteilung und damit der Ausgleich der Energien der Expansion
und der Konzentration ist. Es ist das Wesen der ungleichen Verteilung,
dass jeder Ausgleichsschritt der Expansion den reaktiven Ausgleichsschritt der Konzentration verursacht und jeder Ausgleichsschritt der
Konzentration den reaktiven Ausgleichsschritt der Expansion.

Die ewig endlose Kräfte- und Energiefluktuation der ungleichen Verteilung ist der Theorie der Vakuumfluktuation vergleichbar, in der in
der Quantenfeldtheorie virtuelle Teilchen-Antiteilchen-Paare aus dem

Nichts entstehen und sich wieder gegenseitig aufheben. Die Vakuum-
fluktuationen sind Ausdruck einer in der Quantentheorie postulierten
Vakuumenergie. Im Weltbild der ungleichen Verteilung ist die Energie
der Fluktuation von Expansion und Konzentration die Spannung zum
Ausgleich der Ungleichheit der ungleichen Verteilung. In der aktuellen
Physik ist die Quantentheorie nicht mit der Allgemeinen Relativitätstheorie kompatibel. Die Lösung wird in der vielfach gesuchten Theorie
der Quantengravitation gesehen. Im Weltbild der ungleichen Verteilung
verbindet sich die Grundformel der ewig endlosen Kräfte- und Energiefluktuation ohne Widerspruch mit der durch das Phänomen der
Selbstverstärkung der Ungleichheit zur Rotation bestimmten endlichen
Realität universaler Exkraft und Gravitation.

Das fluktuierende Energiequant der ewig endlosen ungleichen Verteilung
erhält durch Rotation Endlichkeit, Stabilität, Masse und Gravitation.
Das daraus entstehende Teilchen des Mikrokosmos unterliegt sowohl
der – wegen seiner geringen Masse unmessbar kleinen – universalen Gravitation als auch der durch seine extrem hohe Rotation massenah starken
Rotationsgravitation. Im Weltbild der Philosophie der ungleichen Verteilung bestehen kein Bruch und keine Inkompatibilität zwischen der
Quantisierung von Kraft und Energie und der durch Exkraft und Gravitation bestimmten endlichen Realität der sich zyklisch wiederholenden
universalen Entwicklung. Wenn fluktuierende Energiequanten dadurch
endlich stabil werden, dass sie durch die Selbstverstärkung der Ungleichheit rotierend Masse und Gravitation gewinnen, und wenn sich daraus
die gigantische Hierarchie endlich universaler Massen vom Urbaustein
bis zum Universum als Ganzem entwickelt, dann ist dies die im Weltbild
der ungleichen Verteilung sehr einfach verstandene Quantengravitation
der Grundformel der ungleichen Verteilung.

*Zeit und Raum beschreiben in der endlichen Entwicklung des Univer-
sums den Entwicklungsablauf der universalen Stabilität der Massen von
Urknall zu Urknall.*

Die endlich universale Expansion und Konzentration sind die Veränderung des Raums in der Zeit. Die endlich universale Expansion ist Rotation. Die Rotation der Massen ist ständig aufrechterhaltener und damit ständig neu geschaffener und damit in seiner Existenz stabiler Raum. Da alle universale Existenz durch Rotation bestimmt wird, und da jede Rotation der Ablauf von Zeit ist, ist der Raum eine Funktion der Rotation und damit eine Funktion des Ablaufs der Zeit. Rotation ist Stabilität. Stabilität wird durch Raum in der Zeit beschrieben.

Der Raum ist das Ergebnis der rotativen Expansion des Universums. Jedes Photon, das im expansiven Rotationsdruckfeld des Universums freigesetzt wird, vergrößert die Expansion der subuniversalen Massen gegeneinander. Mit jeder durch die Freisetzung eines Photons bewirkten Expansion der Massen vergrößert sich der universale Raum. Jedem freigesetzten Photon steht ein reaktives Graviton gegenüber, das sich in der Lage der expandierten Massen im universalen Raum als deren Anziehungskraft speichert. Mit jeder durch Expansion von Massen bewirkten Vergrößerung des Raums vergrößert sich reaktiv die Anziehungskraft der Massen. Die durch Expansion bewirkte Vergrößerung der Anziehungskraft der subuniversalen Massen ist identisch mit der Vergrößerung des Raums. Im Weltbild der ungleichen Verteilung ist der Raum die Dimension der gravitativen Wechselwirkung der universalen Massen und damit das Kraftfeld der universalen Gravitation.

Im Weltbild der ungleichen Verteilung krümmt sich das expansive Rotationsdruckfeld elektromagnetischer Strahlung als Kraftfeld negativer Vakuumenergie um alle subuniversalen Massen und expandiert diese. Damit krümmt sich der durch die Expansion der Massen entstehende Raum um diese Massen. Je größer die Masse ist, umso größer ist die expansive Krümmung des Raums und umso größer ist die Expansion der Massen gegenüber allen anderen Massen. Der kinetischen Energie der Expansion steht die gleich große potentielle Energie der Gravitation gegenüber.

Der durch Expansion der Massen entstehende Raum ist das Kraftfeld der Gravitation. Der Raum als Kraftfeld der Gravitation krümmt sich in gleicher Weise wie das Kraftfeld der Expansion um die expandierten Massen entsprechend deren Größe und bewirkt deren gegenseitige Anziehung. Je größer die Masse ist, umso größer ist auch die Krümmung des gravitativen Kraftfelds des Raums. Die gravitative Krümmung ist energetisch identisch mit der expansiven Krümmung des durch die Expansion der Massen entstehenden universalen Raums. Die Logik des Weltbilds der ungleichen Verteilung trifft sich hier mit der Allgemeinen Relativitätstheorie, die die Gravitation als die Krümmung des Raums um die Massen beschreibt. Anders als in der ART, in der die Gravitation die Qualität einer Scheinkraft hat, ist die Gravitation im Weltbild der ungleichen Verteilung als Gegenkraft zur Exkraft eine der beiden realen Grundkräfte der universalen Entwicklung.

Die Zeit ist das Maß für den Ablauf und damit für die Entwicklung von Stabilität in der universalen Entwicklung von Urknall zu Urknall. In der Logik des Weltbilds der ungleichen Verteilung hat jede durch Rotation existente Masse eine masseeigene Endlichkeit und einen masseeigenen Zeitablauf. Der masseeigene Zeitablauf beginnt mit der Entstehung der Stabilität der Masse durch Rotation und endet mit dem Ende der Stabilität der Masse. Der Zeitablauf des Universums zwischen Urknall und Urknall ist die Entwicklung der sich durch vielfältige Wechselwirkungen selbst organisierenden Gleichzeitigkeit der individuellen Entwicklungs- und Zeitabläufe unzähliger Massen. Die individuelle Existenz einer Masse durch Rotation und der sich daraus ergebende individuelle Zeitablauf der Masse dokumentiert die Relativität von Raum und Zeit in der universalen Existenz. Die Definition des Ablaufs der Zeit im Weltbild der ungleichen Verteilung als individueller masseeigener Zeitablauf jeder Masse und die sich daraus ergebende Relativität der Zeit treffen sich mit der Darstellung der Relativität von Zeit und Raum in der Speziellen Relativitätstheorie. Die in der universalen Entwicklung abgelaufene Zeit beschreibt die bis zu jeder Gegenwart der Entwicklung im existenten Universum angesammelte Information. Der Ablauf der Zeit und damit die Ansammlung universaler Information beginnen und enden im Urknall jedes sich entwickelnden endlichen Universums.

Stabilität ist Raum in der Zeit. Um aus der totalen initialen Instabilität des Urknalls zu der bis zum Urknallkollaps bestehenden totalen Stabilität der universalen schwarzen Massen vor dem erneuten Urknall zu kommen, muss die universale Stabilität durch die immer neue Bildung von Massen aufgebaut werden. Der Zeitablauf einer individuellen Masse beginnt mit der Entstehung der Stabilität durch Rotation und endet mit der Aufhebung der Stabilität durch die Umwandlung der Energie in zeitlose Strahlung oder mit der totalen Konzentration der Energie zur schwarzen Masse. Komplexe Massen setzen sich aus vielfältigen Stabilitäten zusammen, von denen jede ihren eigenen Zeitablauf hat. Der Zeitablauf einer komplexen Masse als Ganzes wird durch die Entwicklung der Stabilität und damit des Raums der Masse als Ganzes bestimmt.

Der Zeitablauf eines Universums ist die sich durch vielfältige Wechselwirkungen selbst organisierende Gleichzeitigkeit der individuellen Entwicklungs- und Zeitabläufe unzähliger Massen.

Die Zeit ist das Sein. Nur wo das Sein ist, kann der Ablauf von Zeit sein. Die ewige Kräfte- und Energiefluktuation der ungleichen Verteilung ist gleichzeitig eine Fluktuation der Zeit. Jeder einzelne Vorgang der Fluktuation ist für den Augenblick seiner Existenz ein Quant des Seins und damit ein Quant der Zeit. Im quantisierten Sein und in der quantisierten Zeit der ewig endlosen Fluktuation kann es aber keine ein Quant der Fluktuation überdauernde Existenz von Sein und keinen Ablauf von Zeit geben. Das Sein und der Ablauf von Zeit endlicher Existenz entstehen erst mit der Selbstverstärkung der Ungleichheit zur Stabilität der endlichen universalen Entwicklung.

Die Zeit ist in der endlichen universalen Entwicklung keine alles beherrschende, aus der Sicht eines extrauniversalen Beobachters alles gleichermaßen messende Größe. In der Logik des Weltbilds hat die ewig endlose Fluktuation der ungleichen Verteilung keine Uhr, die den Ablauf der Ewigkeit misst. Entwicklungs- und Zeitablauf existieren nur in der konkreten Realität eines Universums zwischen Urknall und Urknall. In der konkreten Realität eines Universums stellen sich der Entwicklungs- und Zeitablauf als die sich permanent verändernde Gleichzeitigkeit unendlich vieler Entwicklungsvorgänge dar, die zusammen die Existenz eines ganzen Universums sind.

Die Entwicklung eines Universums von der totalen Expansion des Urknalls bis zur totalen Konzentration vor dem erneuten Urknall ist die Entwicklung der Gesamtheit aller universalen Massen. Jeder der dazu notwendigen unzähligen Entwicklungsvorgänge hat seinen eigenen individuellen Entwicklungs- und Zeitablauf. Jeder Entwicklungsvorgang misst seine Zeit aus der Sicht der eigenen individuellen Stabilität. Im Weltbild der ungleichen Verteilung organisieren und optimieren sich die unzähligen individuellen Zeitabläufe der universalen Massen als Gesamtheit zum universalen Zeitablauf zwischen Urknall und Urknall.

Der Zeitablauf jedes stabilen Entwicklungssystems bestimmt sich aus der individuellen Struktur seiner Stabilität. Die Zeit des Atoms beschreibt sich aus der Rotation des Atomkerns und der Rotation der ihn umkreisenden Elektronen. Die Zeitmessung des Sterns wird durch die Masse der in ihm konzentrierten Atome, seine Eigenrotation und seine Rotation in seiner Galaxie bestimmt. Die Zeitmessung des einzelnen Atoms ist für die Zeit des Sterns ohne Bedeutung. Das Universum als Ganzes misst seine Zeit aus der Stabilität seiner Rotation als größte universale Masse. Ein extrauniversaler Beobachter würde den universalen Zeitablauf danach bestimmen, wie weit die universale Entwicklung auf dem Weg zur Erreichung der maximalen, finalen Stabilität der universalen Energie mit der maximalen Konzentration der universalen Massen fortschreitet. Er

würde feststellen, dass es so viele miteinander nur mittelbar zusammen-
hängende Zeitabläufe gibt, wie es universale Entwicklungsabläufe gibt,
dass aber ihre Gesamtheit permanent auf das Ziel der Erreichung des
nächsten Nullpunkts der universalen Druckwelle ausgerichtet ist. Am
Ende der universalen Entwicklung trifft sich die Gesamtheit aller Entwicklungsabläufe in der zeitlosen Gleichzeitigkeit des erneuten Urknalls.

Für jeden Zeitablauf eines stabilen Systems bricht sich die Zeitmessung
herunter auf Bruchteile des maximal langsamen Zeitablaufs, praktisch
der Zeitlosigkeit, eines mit Lichtgeschwindigkeit bewegten Objekts. Für
jedes langsamer bewegte Objekt verläuft die Zeit schneller. Für das nahe
der Lichtgeschwindigkeit rotierende Elementarteilchen vergeht die Zeit
extrem langsam. Seine Existenzdauer erreicht universale Dimension. Die
Existenz irdischen Lebens wird durch einen extrem schnellen Zeitablauf
bestimmt. In der universalen Entwicklung vergeht ein irdisches Jahr
unmessbar schnell. Die Zeitmessung eines von Leben bewohnten Planeten wie der Erde ergibt sich aus dessen individueller Existenz. Unsere
Zeitmessung wird systemeigen durch einen Erdumlauf um die Sonne
und eine Umdrehung der Eigenrotation bestimmt. Ein irdisches Jahr
ist nichts im Entwicklungsablauf der universalen Entwicklung. In der
Logik des Weltbilds der ungleichen Verteilung müsste für einen Menschen, der auf einem sehr viel schneller rotierenden und umlaufenden
Planeten leben würde, die Zeit langsamer ablaufen, und der Mensch
müsste ein nach menschlicher Vorstellung höheres Alter im Verhältnis
zum irdischen Alter erreichen.

*Die Entwicklung von Leben ist das Ergebnis der Selbstorganisation der
Selbstorganisation der universalen Entwicklung mit dem Ziel der bestmöglichen Freisetzung der Strukturenergie von Materiesystemen.*

In der Entwicklung des Universums zwischen Urknall und Urknall
entsteht und vergeht eine gigantische Hierarchie von Materiesystemen
von den Urbausteinen bis zum Universum selbst als größtem univer-

salem Materiesystem. In der Stabilität der Systeme bindet sich universale Strahlungsenergie als die Rotationsenergie von Massen und wird damit zur Strukturenergie aller komplexen Materiesysteme. Die komplexen Materiesysteme beginnen, sobald sie entstanden sind, sich entwicklungsbedingt zu weniger komplexen Systemen zu konzentrieren. Die durch Rotation in vielfältigen Subsystemen gebundene Strukturenergie wird dabei im Ablauf der konzentrativen Entwicklung wieder als Strahlungsenergie freigesetzt. Wenn alle Strukturenergie verstrahlt ist, verbleibt von den Materiesystemen nur die maximal konzentrierte Basisenergie der im Entwicklungsablauf zwischen Urknall und Urknall nicht verstrahlbaren Urbausteine. Alle aus den Urbausteinen gebildeten komplexen Materiesysteme einschließlich des Universums als Ganzes konzentrieren sich im Ablauf der Entwicklung zu den finalen, maximal schnell rotierenden, maximal konzentrierten universalen schwarzen Massen. Es ist das Ziel der gesamten universalen Entwicklung, die maximale Konzentration der universalen Energie so zu erreichen, dass sich am Ende der Entwicklung der erneute Urknall vollziehen kann.

Jeder Vorgang der universalen Entwicklung vollzieht sich durch Selbstorganisation und Selbstoptimierung und hat zum Ziel, die Strahlungsenergie, die sich in den Materiesystemen entwicklungsbedingt als Strukturenergie bindet, durch Konzentration der Systeme wieder als Bindungsenergie und damit wieder als Strahlungsenergie freizusetzen. In den Materiesystemen des Makrokosmos vollzieht sich dieser Vorgang permanent durch das Kernbrennen der Sterne und in Einzelereignissen wie Supernovae und Strahlungsereignissen anderer Art. Das einzelne Materiesystem verliert am Ende durch Verstrahlung seine gesamte Strukturenergie und konzentriert sich selbst oder im Verbund mit anderen zu den schwarzen Massen der strahlungsfrei konzentrierten Urbausteine.

Die Verstrahlung der Strukturenergie der Materiesysteme ist an bestimmte Voraussetzungen gebunden. Strahlungsenergie kann nur bei passenden Temperatur- und Druckverhältnissen freigesetzt werden. In

Staub- und Gaswolken, bei kosmischen Kleinkörpern aller Art, bei Asteroiden und Planeten liegen die Temperatur und der Druck unter den zur Verstrahlung notwendigen Werten. Im Ablauf der universalen Entwicklung ist die Verstrahlung »kalter« Materie erst möglich, wenn sie in den Schwerkraftbereich strahlender Systeme kommt und von diesen oder von schwarzen Massen angezogen wirf. Im letzteren Fall wird die Strukturenergie der angezogenen Systeme in der Akkretionsscheibe und im Jet der schwarzen Masse verstrahlt.

Die strahlende Sterne umkreisenden Planeten, wie die Erde, sind Materiesysteme, deren Strukturenergie nur noch bedingt durch Wärmestrahlung teilweise freigesetzt werden kann. Die sich im Lauf der universalen Entwicklung auf solchen Materiesystemen durch Selbstorganisation und Selbstoptimierung ergebenden physikalischen und chemischen Bedingungen sind ungemein vielfältig. Jeder einzelne Entwicklungsschritt steht bei Materiesystemen, bei denen nur marginale und unvollständige Verstrahlung möglich ist, unter dem Ziel, auch die Strukturenergie solcher Materiesysteme zu reduzieren. Dabei entstehen in der universalen Selbstorganisation und Selbstoptimierung unter dem universalen Ziel der Verstrahlung von Strukturenergie neben einer Unzahl von »nutzlosen« Ergebnissen auch Situationen und Vorgänge, in denen sich die Strukturenergie von Materie z. B. durch Abgabe von Wärmestrahlung aufgrund chemischer Reaktionen auch in »kaltem« Zustand noch reduziert.

Die Selbstorganisation von physikalischen und chemischen Situationen und Vorgängen ergibt und bewirkt, dass das Maximum »kalter« Verstrahlung von Strukturenergie dann erreicht wird, wenn Situation und Vorgang sich in einer optimal verstrahlungsfähigen Struktur organisieren. Eine solche optimale Struktur muss sich in der weniger organisierten »Ursuppe« planetarischer Materie nach dem Gesetz der Wahrscheinlichkeit nebeneinander und nacheinander wiederholen. Und es muss sich unter dem Prinzip der Selbstorganisation und Selbstoptimiereng die

Möglichkeit ergeben, dass ein Materiesystem, das auf kaltem Weg Strukturenergie freisetzen kann, sich unter Aufnahme von Energie aus der Ursuppe teilt und zwei gleichartige, Strukturenergie freisetzende Systeme entstehen. Damit ist ein solches Materiesystem in die Lage versetzt, sich durch Vermehrung selbst so zu organisieren, dass mehr Strukturenergie freigesetzt werden kann. Dies ist im Weltbild der ungleichen Verteilung die Grundlage der Entwicklung von Leben.

Leben definiert sich im Weltbild der ungleichen Verteilung als die durch die Selbstorganisation der universalen Entwicklung entstehende Möglichkeit, die Selbstorganisation der Selbstorganisation der universalen Entwicklung zu erreichen.

Der Vorgang, dass ein Materiesystem beim Vorhandensein der dazu notwendigen Ressourcen sich so organisiert, dass es sich in zwei gleichartige Systeme teilen kann, die dann wiederum teilungsfähig sind, ist der Beginn der Selbstorganisation des Lebens. Wenn die Entstehung des ersten Bausteins des Lebens ein Ergebnis der universalen Selbstorganisation ist, dann ist die Entstehung der Teilungsfähigkeit eines solchen Bausteins die Selbstorganisation des Lebens in der Selbstorganisation der universalen Entwicklung. Das Ziel der Selbstorganisation der Selbstorganisation und damit der Entwicklung von Leben ist die Erreichung von Situationen und Vorgängen, durch die Strukturenergie von Materie reduziert wird, die durch einfache Selbstorganisation nicht mehr reduzierbar ist. Die Selbstorganisation der universalen Entwicklung wird durch die Entstehung von Leben in eine neue, zusätzliche, höhere Dimension der Selbstorganisation, in die Selbstorganisation der Selbstorganisation überführt.

Das Ziel der universalen Entwicklung ist die Konzentration aller universalen Strahlungsenergie in der Stabilität der Rotation des finalen Universums der schwarzen Massen bis zu dessen Kollaps zum Urknall. Um dieses Ziel zu erreichen, muss in der universalen Entwicklung die

gesamte Strukturenergie der Gesamtheit aller subuniversalen Materiesysteme verstrahlt werden. Die Entwicklung von Leben ist ein in diesem
Zusammenhang zunächst völlig unbedeutender Vorgang. Die Bedeutung dieses Vorgangs entsteht aber daraus, dass es die Eigenschaft des
Lebens ist, in einem lebenseigenen System der Selbstorganisation die
Entwicklung des Lebens über das Ziel der allgemein reaktiv universalen
Entwicklung zu stellen. Nachdem die Existenz von Leben Strukturenergie freisetzt, die sonst nicht freisetzbar wäre, vergrößert die sich selbst
organisierende weitere Entwicklung des Lebens diesen Vorteil für die
universale Entwicklung, indem Strukturenergie auf einer nochmals höheren Entwicklungsebene freisetzbar wird.

*Die Entwicklung von Intelligenz ist das Ergebnis der Selbstoptimierung
der Entwicklung von Leben mit dem Ziel der bestmöglichen Erreichung
der maximal möglichen Potenz der Entwicklung.*

In der Logik des Weltbilds der ungleichen Verteilung ist Leben im ersten
Schritt entstanden, indem physikalische und chemische Abläufe sich
unter dem Ziel der Freisetzung von Strukturenergie so organsierten, dass
sie gegenüber einer unorganisierten Umgebung die Existenz ihrer Organisation aufrechterhalten konnten. Im Interesse der Erhaltung der für
die universale Entwicklung positiv strukturierten Organisation entwickelten die gegenüber der Umgebung individualisierten Organisationen
im zweiten Schritt die Fähigkeit, sich zu teilen. Mit der ersten Teilung
einer solchen Organisation von Abläufen entstand das erste Leben.

Durch die Selbstorganisation der Entwicklung entstand die Fähigkeit des
ersten Lebens, sich mit dem Ziel permanenter Selbstoptimierung weiter
zu entwickeln. Aus Einzellern wurden Mehrzeller und aus Mehrzellern
immer komplexer strukturierte Lebensformen. Permanent erhaltenes
Entwicklungsziel war die Selbstoptimierung von Lebensformen, die in
der Lage waren, dem Ziel der Freisetzung von Strukturenergie auf irgend-
eine Weise zu dienen. Im Verlauf der permanenten Selbstoptimierung

entstanden schon in den frühesten Lebensformen Steuerungssysteme, die die Existenz und die Entwicklung des Lebens sichern und verbessern konnten. Es entstanden die ersten Formen von lebensfördernder Intelligenz und damit nochmals eine neue Dimension der Selbstoptimierung.

In der Entwicklung des Lebens entstanden durch die Entwicklung von vormenschlicher Intelligenz Systeme der Kommunikation und soziale Systeme gemeinsamer Existenz individuellen Lebens mit dem Ziel, das Leben zu optimieren. Es entstanden immer komplexere und leistungsfähigere Steuerungssysteme, die die Fähigkeit erlangten, die eigene Funktion gezielt zu optimieren. Schließlich kam es zur Entwicklung menschlichen Lebens. In der menschlichen Entwicklung vollzogen sich die Erfindung von Werkzeugen und die Schaffung von Einrichtungen, um das Leben zu verbessern und zu sichern. Am Ende der Entwicklung menschlicher Intelligenz steht heute der Einsatz aller Einrichtungen, die die Intelligenz des Menschen zur immer komplexeren Anwendung und zur immer kreativeren Entwicklung des Einsatzes von Intelligenz geschaffen hat. Die Entwicklung menschlicher Intelligenz hat immer kreativere Möglichkeiten der Optimierung der Entwicklung des Lebens geschaffen.

Die Entwicklung des Lebens basiert auf der Existenz, der Entwicklung und der Proliferation individuellen Lebens und damit auf der Ansammlung lebensbezogener Information. Die Entwicklung von Intelligenz basiert auf der Ansammlung von Information zur Selbstorganisation und Selbstoptimierung der Entwicklung des Lebens. Die Intelligenz wird damit zu einer eigenen, das Leben gestaltenden Größe, die die Existenz individuellen Lebens überlagert und bestimmt. Intelligenz ist nicht nur eine Eigenschaft lebender Individuen. Die Entwicklung von Intelligenz hat ein Stadium erreicht, in dem sich die Selbstorganisation der Selbstorganisation der Selbstorganisation der universalen Entwicklung vollzieht. Intelligenz ist zu einer eigenen Größe in der Gestaltung und Entwicklung von Leben geworden, mit der die Erreichung des universalen Entwicklungsziels auf dritter Ebene möglich wird. Aus der Fähigkeit des Individuums, durch den Einsatz von Intelligenz die Lebensentwicklung auch über das primitive Prinzip des Über-Lebens hinaus zu gestalten, hat sich in der Logik des Weltbilds der ungleichen Verteilung eine Dualität von Leben und Intelligenz entwickelt, in der die Intelligenz die zukünftige Existenz und Entwicklung des Lebens maßgeblich bestimmt und weiterhin immer mehr bestimmen wird.

Die Brutalität des Besser-Überlebens in der Selbstorganisation der Entwicklung von Leben muss durch die gezielte Maximierung der Potenz lebensoptimierender Intelligenz überwunden werden.

Menschliche Intelligenz hat sich mit der Optimierung der Entwicklung menschlichen Lebens nach dem Prinzip des Über-Lebens nicht nur weiter entwickelt, sondern auch immer kreativere Möglichkeiten gefunden und geschaffen, Leben zum Vorteil des eigenen Lebens zu schädigen und zu vernichten. Es ist festzustellen, dass die globale Entwicklung von Leben und Intelligenz aktuell einen Status erreicht hat, in dem menschliche Intelligenz in der Lage ist, die Entwicklung menschlichen Lebens nachhaltig zu blockieren, wenn nicht sogar total zu vernichten.

Es ist Sinn und Ziel der Existenz von Leben, die eigene Existenz zu erhalten, zukünftige Existenz zu schaffen und die Entwicklung weiteren Lebens unter der Zielsetzung der universalen Entwicklung zu verbessern. Es ist das alles beherrschende Grundziel des Lebens, zu leben. Um dieses Ziel zu erreichen, ist es notwendig zu überleben. Überleben heißt in seiner einfachsten Form, organisierte Existenz gegenüber unorganisierter oder weniger organisierter Existenz zu sichern und die dafür notwendige Energie bereitzustellen. Zu diesem Zweck muss die innere Struktur individuellen Lebens und muss die äußere Struktur höher organisierten Lebens erhalten und entwickelt werden. Überleben heißt dann, im Wettbewerb um die Weiterentwicklung besser lebensfähigen Lebens besser und im Lebenskampf stärker zu sein als gleiche und konkurrierende Lebensformen und Individuen. In der Urform des Überlebens heißt das, das individuelle Leben eines Lebewesens auch gegenüber jedem gleichen oder ähnlichen Leben egoistisch zu sichern.

Sobald sich soziale Strukturen des Zusammenlebens im einzelnen Lebewesen und in der Gruppe von Lebewesen entwickeln, wird es erforderlich, egoistisches Überleben so zu steuern, dass die soziale Struktur keinen Schaden nimmt und dass die individuelle Struktur von der Existenz der sozialen Struktur profitiert. Es ist durch den Einsatz von Intelligenz zu erkennen und zu entscheiden, ob und inwieweit der Vorteil des Überlebens in der sozialen Struktur Vorrang vor dem allein individuell egoistischen Überleben haben muss, um die optimale Existenz und Weiterentwicklung des Lebens unter dem Ziel der universalen Entwicklung zu erreichen. Das Problem des Besser-Überlebens ist es, dass die Entwicklung von Intelligenz es mit sich bringt, dass sie egoistisches individuelles Überleben auch unter Missbrauch der Vorteile der sozialen Struktur und zusätzlich dazu zu erreichen vermag. Durch brutal kreative und planende Intelligenz ist egoistisches individuelles Überleben auch zum Schaden der sozialen Struktur und zu Lasten anderen Lebens erreichbar. Das Leben muss sich unter dem Ziel der universalen Entwicklung erfolgreich weiterentwickeln. In der aktuellen Situation unserer Welt erscheint es dazu zwingend erforderlich, den Einsatz asozialer brutaler Intelligenz in jeder Form zu ächten und durch die gezielt kreative Maximierung positiver Intelligenz zur Optimierung der Weiterentwicklung des Lebens zu ersetzen.

Das Weltbild der Philosophie der ungleichen Verteilung sieht zwei alternative Erklärungen für die Entwicklung von Leben. Die erste Erklärung betrachtet die Entwicklung von Leben als eine bedeutungslose Arabeske der gesamten universalen Entwicklung, durch die noch ein bisschen mehr Strukturenergie auch in kalter Materie freigesetzt werden kann. Wenn dem so wäre, wäre es erstaunlich, dass das uns bekannte irdische Leben sich über den Zeitraum von dreieinhalb Milliarden Jahren offensichtlich konsequent bis zum heutigen Status gegen eine ebenso konsequent lebensfeindliche Umwelt erhalten und weiterentwickeln konnte. Diese Sichtweise würde unserer hoch entwickelten menschlichen Existenz jeden aktuellen und zukünftigen Sinn nehmen. Fragen nach Moral, Ethik und dem Sinn des Lebens wären ebenso bedeutungslos wie die Existenz des Lebens selbst.

Die zweite Erklärung betrachtet die Entwicklung von Leben als das zwingende Ergebnis der universalen Entwicklung in einer Phase, in der die reaktive Selbstorganisation und Selbstoptimierung nicht mehr zur Erreichung des universalen Entwicklungsziels ausreichen. Mit der Selbstorganisation der Selbstorganisation bietet die Entwicklung von Leben und Intelligenz vom Grundsatz her die Möglichkeit, die Verringerung der Strukturenergie und damit die universale Entwicklung durch vorausschauende Planung in Bereichen zu optimieren, die durch nur reaktive Selbstorganisation nicht mehr optimierbar wären. Dies wird in der späteren universalen Entwicklung immer wichtiger, wenn bei der Konzentration der Materiesysteme immer mehr Materie übrig bleibt, für die die Verstrahlungsbedingungen der Entwicklung nicht mehr zur heißen Reduzierung der Strukturenergie ausreichen und damit die Selbstorganisation der universalen Entwicklung erschwert ist. In dieser Sichtweise können sich Leben und Intelligenz nur entwickelt haben und müssen sich zwingend weiter entwickeln, weil die optimale universale Entwicklung die Entwicklung von Leben und Intelligenz braucht.

Die sich selbst organisierende und optimierende universale Entwicklung kann umfassend reaktiv bleiben, kann aber auch die Fähigkeit erreichen, sich durch vorausschauende Planung auf einer höheren Entwicklungsstufe über die Möglichkeiten der nur reaktiven Entwicklung hinaus zu optimieren. Ohne die Entstehung von Leben und Intelligenz bleibt die universale Entwicklung, bezogen auf den jeweiligen Status des aktuell erreichten Entwicklungsschritts, über alles reaktiv. Mit der Existenz von Leben und kreativer Intelligenz vermag die universale Entwicklung partiell die Stufe vorausschauend planender Selbstoptimierung zu erreichen. Die Philosophie der ungleichen Verteilung vermag nicht zu erkennen, ob menschliche Intelligenz je in der Lage sein wird, zu geplanter universaler Entwicklung beizutragen. Aber nach Jahrmillionen erstaunlicher Entwicklung menschlichen Lebens erscheinen auch Jahrmillionen der weiteren erstaunlichen Entwicklung von lebensbezogener biologischer und nicht biologischer Intelligenz möglich.

Die Grundformel der ungleichen Verteilung bedarf in der Realität irdischen Lebens zwingend einer Menschformel der Intelligenz, um die Zukunft intelligenten Lebens nachhaltig zu sichern.

Leben ist das Ergebnis der Selbstorganisation der universalen Entwicklung. Die Entwicklung von Leben stellt sich als die Selbstorganisation der universalen Selbstorganisation dar und trägt damit zur Erreichung des universalen Entwicklungsziels auf eine Weise bei, die ohne die Entwicklung von Leben nicht möglich wäre. Wer die Grundformel der ungleichen Verteilung als die Basis der universalen Realität und Entwicklung akzeptiert, muss erkennen, dass das Ergebnis der Entwicklung von Leben für die universale Entwicklung unverzichtbar ist.

Die Selbstorganisation der Entwicklung von Leben vollzieht sich dergestalt, dass neue Lebensstadien und -formen auf der Existenz früheren Lebens aufbauen. Mit der Entwicklung von Intelligenz erreicht die Entwicklung von Leben über das Stadium der Selbstorganisation hinaus die Fähigkeit, Entwicklung zu erkennen und aus der Erkenntnis heraus vorausschauend zu planen. Die Entwicklung von Leben erreicht durch bewusste Intelligenz eine grundsätzlich neue Dimension von größter entwicklungsfördernder Bedeutung. Wir vermögen aktuell überhaupt nicht abzuschätzen, welche Stufen intelligenter Entwicklung in ferner Zukunft auch für die menschliche Intelligenz noch möglich werden können und welcher Reichtum an Leben damit erreicht werden kann.

Mit der Entwicklung vorausschauender, planungsfähiger Intelligenz wächst die Entwicklung des Lebens über das Stadium sich selbst organisierender Nutznießung früheren und anderen Lebens hinaus. Auch das intelligente Leben baut auf gegebenem Leben auf, vermag aber die Nutznießung anderer Lebensformen und -stadien bewusst und lebens- und intelligenzschonend zu gestalten. Dazu gehört zwingend, dass die effiziente Entwicklung von Intelligenz nie zu Lasten anderer Intelligenz, sondern immer nur aufbauend auf dieser möglich ist. Intelligenz verbessert und vergrößert sich nicht durch den Überlebenskampf von Intelligenz gegen Intelligenz. Wenn in der Selbstorganisation von Leben selbstoptimierungsfähige Intelligenz entsteht, ist ein Entwicklungsstadium erreicht, in dem die Fähigkeit, auf vorhandenen Ressourcen vorausschauend aufzubauen, die Missachtung von Intelligenz durch Intelligenz ausschließt. Die Missachtung intelligenten Lebens durch Intelligenz und damit jede zivile und kriegerische Gewalt von Intelligenz gegen intelligentes Leben ist Perversion der Selbstorganisation. Menschliche zivile und kriegerische Gewalt gegen intelligentes menschliches Leben ist die Selbstverstümmelung von Intelligenz.

Intelligenz ist das Ergebnis der Entwicklung von Leben und damit eine errungene Eigenschaft des Lebens. Intelligenz ist nicht eine Eigenschaft einzelner Individuen, sondern die Entwicklungsphase einer ganzen Menschheit. Intelligenz ist nicht das Instrument individuellen Lebens, dieses zu Lasten anderen intelligenten Lebens weiter zu verbessern. Intelligenz ist eine errungene Eigenschaft des Lebens als Erscheinungsform universaler Entwicklung und betrifft primär die Entwicklung des Lebens an sich und erst dann die Entwicklung lebender Individuen. Intelligenz ist das gemeinsame Gut der Gesamtheit intelligenter Individuen. Die Vernichtung von Intelligenz ist die Vernichtung entwicklungsnotwendiger gemeinsamer menschlicher Ressourcen, ist ein krimineller Akt gegen die Entwicklung menschlichen Lebens. Wirkliche Intelligenz macht die Vernichtung von Intelligenz unmöglich. Die Missachtung intelligenten Lebens durch Gewalt gegen intelligente Individuen bedeutet zwingend das Fehlen individueller Intelligenz. Jede zivile und kriegerische Gewalt, und sei sie noch so umfassend begründet, kann nie das Ergebnis vorhandener, sondern immer nur das Ergebnis nicht vorhandener oder nicht eingesetzter individueller Intelligenz sein.

Die Inquisition war nicht die Aktion einer intelligenten Kirche, sondern das Ergebnis religiösen Fanatismus gegen die Erkenntnis der Intelligenz. Das Gleiche gilt für jeden anderen religiösen oder sektiererischen Fanatismus, der sich gegen intelligentes Leben wendet oder gewendet hat. Jede kriegerische Handlung – von der regionalen Auseinandersetzung zwischen menschlichen Stämmen bis zum Weltkrieg – wurde und wird gegen die Erkenntnis geführt, dass der Sieg im Krieg die Entwicklung der menschlichen Intelligenz nicht fördert. Gewalt gegen Kinder verbessert nicht deren Intelligenz. Kriminelle Gewalt nutzt der egoistischen Existenz dessen, der die Gewalt ausübt, nicht aber der Weiterentwicklung der menschlichen Intelligenz. Die alte Menschenweisheit, dass Not erfinderisch macht, bedeutet nicht, dass Not intelligenter macht, sondern dass die Intelligenz des Notleidenden intelligenter eingesetzt wird.

Jede Gewalt zwischen intelligenten Individuen beweist immer nur das Fehlen von Intelligenz zur Weiterentwicklung des Lebens. Das Leben ist im Weltbild der Philosophie der ungleichen Verteilung die zwingende Folge der Selbstorganisation der universalen Entwicklung. Und wenn intelligentes Leben in der Lage ist, Entwicklung planend und vorausschauend zu beeinflussen, dann muss jede Intelligenz auch für die optimale und damit gewaltlose Entwicklung von Intelligenz eingesetzt werden.

In der Entwicklung des Lebens erscheint nach zwei Milliarden Jahren der Zeitpunkt gekommen, in dem entwicklungsintelligente Intelligenz die asoziale Gewalt kurzsichtigen Über-Lebens überwinden kann und überwinden muss. Die jeder Atombombe überlegene konstruktive Kraft kreativ sozialer Optimierung der Intelligenz muss und wird das Überleben der Lebensentwicklung bestimmen. Es muss und wird die bewusst zu gestaltende Aufgabe zukünftiger Intelligenz sein, in der Existenz menschlichen Lebens die individuelle und soziale Entwicklung der Intelligenz permanent zu optimieren und jede auch partielle Vernichtung von Intelligenz auszuschließen.

Das Weltbild der ungleichen Verteilung wird durch die Logik der sich durch Selbstverstärkung der ungleichen Verteilung ewig wiederholenden universalen Endlichkeit bestimmt. Die Logik des Weltbilds ist die Logik der unausweichlichen, zielgerichteten Selbstorganisation und Selbstoptimierung jeder universalen Entwicklung. Wenn jede aktuelle und zukünftige individuelle menschliche Intelligenz die Notwendigkeit erkennt und in der Lage ist, die Lebens- und Intelligenzentwicklung gezielt zu fördern und jedes lebens- und intelligenzwidrige Handeln als die Vernichtung lebensnotwendiger Ressourcen zu ächten, wird die das Weltbild dieser Philosophie bestimmende Grundformel der ungleichen Verteilung von Nichts auch zur Menschformel menschlicher Intelligenz.

Nachwort des Autors

Es war das Ziel des Autors, in diesem Buch die Hypothese einer anderen Existenz unserer Welt, wie sie sich in logisch-kausaler Konsequenz deduktiv aus der Grundformel der ungleichen Verteilung ergibt, in möglicher Ganzheit zu beschreiben. Was sich unter diesem Ziel als anspruchsvolle Denkaufgabe darstellt, kann und soll zum Mitdenken provozieren. Und aus dem Mitdenken mit der Argumentation der Hypothese werden sich dann vielleicht auch für die aktuelle Physik und Kosmologie Ideen ergeben, wie die Lösung bisher ungelöster Probleme im Weltbild der Standardmodelle auch aus nicht etablierter Sicht angegangen werden kann.

Die Vorstellung der Hypothese eines anderen Weltbilds fordert zum Mitdenken auf. Der Autor begrüßt jederzeit jede Bereitschaft zur Diskussion und ist seinerseits stets bereit, eine solche Diskussion aufzugreifen. Er dankt herzlich fürs Lesen und Mitdenken.

Wolfgang Glahn, November 2013

Literatur (Auswahl)

Adams, Fred, Laughlin, Greg, Die fünf Zeitalter des Universums, Deutscher Taschenbuch Verlag, München, 2000.

Bojowald, Martin, Zurück vor den Urknall, Die ganze Geschichte des Universums, S. Fischer Verlag, Frankfurt am Main, 2009.

Börner, Gerhard, Kosmologie, Die Evolution des Universums, Fischer Taschenbuch Verlag, München, 2004.

Börner, Gerhard, Schöpfung ohne Schöpfer, Das Wunder des Universums, Deutsche Verlags-Anstalt, München 2006.

Börner, Gerhard, Das neue Bild des Universums, Quantentheorie, Kosmologie und ihre Bedeutung, Pantheon Verlag, München, 2009.

Close, Frank, Das Nichts verstehen, Die Suche nach dem Vakuum und die Entwicklung der Quantenphysik, Spektrum Akademischer Verlag, Heidelberg, 2009.

Davies, Paul, Der Kosmische Volltreffer, Warum wir hier sind und das Universum für uns geschaffen ist, Campus Verlag, Frankfurt am Main, 2008.

Dürr, Hans-Peter, Geist, Kosmos und Physik, Gedanken über die Einheit des Lebens, Crotona Verlag, Amerang, 2010.

Ellwanger, Ullrich, Vom Universum zu den Elementarteilchen, Eine erste Einführung in die Kosmologie und die fundamentalen Wechselwirkungen, Springer Verlag, Berlin, Heidelberg, 2008.

Genz, Henning, War es ein Gott? Zufall, Notwendigkeit und Kreativität in der Entwicklung des Universums, Rowohlt Taschenbuch Verlag, Reinbek bei Hamburg, 2008.

Giulini, Domenico, Spezielle Relativitätstheorie, Fischer Taschenbuch Verlag, Frankfurt am Main, 2006.

Greene, Brian, Das elegante Universum, Superstrings, verborgene Dimensionen und die Suche nach der Weltformel, Wilhelm Goldmann Verlag, München, 2006.

Greene, Brian, Der Stoff, aus dem der Kosmos ist, Raum, Zeit und die Beschaffenheit der Wirklichkeit, Pantheon Verlag, München, 2007.

Guth, Alan, Die Geburt des Kosmos aus dem Nichts, Die Theorie des inflationären Universums, München, 1999.

Hasinger, Günther, Das Schicksal des Universums, Eine Reise vom Anfang zum Ende, Verlag C. H. Beck, München, 2008.

Hawking, Stephen, Einsteins Traum, Expeditionen an die Grenzen der Raumzeit, Rowohlt Taschenbuch Verlag, Reinbek bei Hamburg, 1996.

Hetznecker, Helmut, Kosmologische Strukturbildung, Von der Quantenfluktuation zur Galaxie, Spektrum Akademischer Verlag, Heidelberg, 2009.

Hoffmann, Banesh, Einsteins Ideen, Das Relativitätsprinzip und seine historischen Wurzeln, Spektrum Akademischer Verlag, Heidelberg, 1997.

Hooper, Dan, Dunkle Materie, Die kosmische Energielücke, Spektrum Akademischer Verlag, Heidelberg, 2009.

Kaku, Michio, Einsteins Würfel oder die Revolution von Raum und Zeit, Piper Verlag, München, 2010.

Kiefer, Claus, Quantentheorie, Fischer Taschenbuch Verlag, Frankfurt am Main, 2002.

Kiefer, Claus, Gravitation, Fischer Taschenbuch Verlag, Frankfurt am Main, 2003.

Kiefer, Claus, Der Quantenkosmos, Von der zeitlosen Welt zum expandierenden Kosmos, S. Fischer Verlag, Frankfurt am Main, 2008.

Laughlin, Robert. B., Abschied von der Weltformel, Die Neuerfindung der Physik, Piper Verlag, München, 2008.

Liddle, Andrew, Einführung in die moderne Kosmologie, WILEY-VCH Verlag, Weinheim, 2009.

Morris, Simon Conway, Jenseits des Zufalls, Wir Menschen im einsamen Universum, Berlin University Press, Berlin, 2008.

Pauldrach, Adalbert W. A., Dunkle kosmische Energie, Das Rätsel der beschleunigten Expansion des Universums, Spektrum Akademischer Verlag, Heidelberg, 2010.

Randall, Lisa, Verborgene Universen, Fischer Taschenbuch Verlag, Frankfurt am Main, 2011.

Information und Recherche (Auswahl)

Spektrum der Wissenschaft, Spektrum der Wissenschaft Verlagsgesellschaft, Heidelberg

http://www.spektrum.de

http://www.wissenschaft-online.de

http://www.wissenschaft-online.de/astrowissen/lexdt.html

http://www.weltderphysik.de

http://www.weltmaschine.de/physik/standardmodell_der_teilchenphysik/

http://www.focus.de/wissen/weltraum/odenwalds_universum

http://www.faz.net/wissen

http://www.kosmos-bote.de

http://scinexx.de

http://www.einstein-online

http://www.teilchenphysik.de